U0151547

Hydrogenium

神奇的氢科学

主　编◎丁文江
副主编◎杨海燕

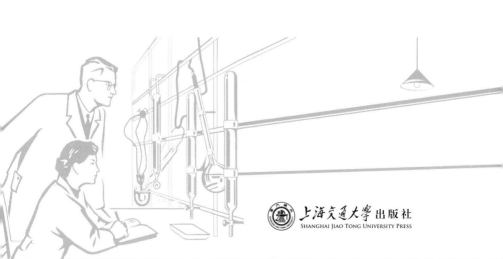

上海交通大学 出版社
SHANGHAI JIAO TONG UNIVERSITY PRESS

内容提要

本书由上海交通大学氢科学中心组织编写，全书共5章，系统全面地介绍了氢科学相关的知识，重点介绍了氢气的基本性质以及氢气在能源、医学、农业领域的应用。本书作为一本介绍氢科学及其应用的科普书籍，知识全面，讲解表述由浅入深，可读性强，适合氢科学相关的产业界人员参考，也可供希望了解氢科学的大众读者阅读。

图书在版编目（CIP）数据

神奇的氢科学 / 丁文江主编. —上海：上海交通大学出版社，2023.10
ISBN 978-7-313-26517-3

Ⅰ.① 神…　Ⅱ.① 丁…　Ⅲ.① 氢气-普及读物　Ⅳ.
① TQ116.2-49

中国版本图书馆CIP数据核字（2022）第120877号

神奇的氢科学
SHENQI DE QING KEXUE

主　　编：丁文江
出版发行：上海交通大学出版社　　　　地　　址：上海市番禺路951号
邮政编码：200030　　　　　　　　　　电　　话：021-64071208
印　　制：上海锦佳印刷有限公司　　　　经　　销：全国新华书店
开　　本：880mm×1230mm　1/32　　　印　　张：6.25
字　　数：130千字
版　　次：2023年10月第1版　　　　　　印　　次：2023年10月第1次印刷
书　　号：ISBN 978-7-313-26517-3
定　　价：59.00元

主编的话

　　我与氢的缘分始于镁材料研究。十五年前，我和我的科研团队开始对镁材料进行功能性研究。因为镁极其活泼，当将其磨得很细时，非常容易发生爆炸。为了解决镁易爆的问题，我们团队尝试使用多种气体来进行安全性保护，但都没有成功。后来源于一个灵感，我们想到可以尝试让氢去跟镁"见面"，在接触以后，氢直接附着在了纳米镁的表面，从而将镁变成了安全性更高、不易发生爆炸的镁氢素。随后，我们对此进行了深入研究，并首创用蒸气法来制造含镁、氢的合金新材料，使批量生产成为可能，同时也给低成本固态镁储氢的应用开启了新的思路。

　　随着这一思路的建立，团队进一步研究其工程化应用。一辆49 t的卡车只能装300 kg氢气，而如果换成固态储氢，储氢量可增加3倍多，还可常温下长距离运输，安全性也好。这就是未来我们将氢气的相关研究投入工业化应用的领域之一。朝着这个方向，我们可以制造储氢能力为1 t以上的标准集装箱,以发挥镁基固态储氢材料在氢气储存和运输上巨大的应用价值。

随着氢医学、氢农学的发展,镁基固态储氢材料在这些领域也展示出独特的创新应用前景。我相信在氢科学领域有志之士的共同努力下,氢科学必将助力人类生产生活的提升。

一本书从撰写到出版,无不凝聚了作者大量的心血和智慧。科学的发展需要有更多的专业资料和书刊作为养料,更需要许多的有识之士加入我们的探索。希望这本书能够成为对氢科学感兴趣的人们的入门读物,也希望有更多氢科学著作问世,共同推动氢科学的发展。

丁文江

中国工程院院士

上海交通大学氢科学中心主任

2023 年 7 月 24 日

前言

　　氢是宇宙大爆炸后诞生的第一个元素，是元素周期表中第一个元素，也是最古老、结构最为简单的元素。人类历史的进程中，随着对氢的认识不断加深，人们越来越注意到氢的重要价值和意义。随着人们对氢研究的逐步深入，氢的应用已经遍及能源、医学、农业等各个领域。从工业生产到居家使用，氢开始变得不再神秘，变得更加普及，在此过程中，逐渐形成了一门重要的学科——氢科学。

　　氢科学作为21世纪的前沿交叉学科，与人类社会发展所面临的能源、医学、农业等重要问题息息相关。在能源领域，氢能源是解决"碳中和"，实现"碳达峰"的重要途径。因为氢气燃烧过程中只形成水，不生成二氧化碳，是终极环保的清洁能源。另外氢气具有还原性，可以用来捕捉处理过量的二氧化碳，实现二氧化碳的催化转化。在医学领域，氢具有抗氧化、抗炎症和抗细胞凋亡的作用，研究已经发现氢对于70多种疾病（模型）具有明确的防治作用。氢或可成为一种有效的革命性的医疗手段。在绿色智慧农业领域，氢可以有效地调控动植物体内的激素和微生物种群，提高农作物抗病虫害的能力，成为增产增收的重要环保型添加剂。

在不远的将来，氢将继续发挥其重要作用，助力人类美好生活。

本书各章编写人员如下：第1章，杨海燕（上海交通大学氢科学中心）；第2章，张静静（上海交通大学氢科学中心）；第3章，孙学军（海军军医大学海军医学系）；第4章，沈文飙（南京农业大学生命科学学院）；插图绘制，杨燚鑫（重庆人文科技学院建筑与设计学院）。另外，姚天宇、凌翔、樊亚平等参加了书稿的文字校核工作。同时，本书在组织策划撰写过程中均得到诸多专家学者的支持和关心，在此表达最真诚的感谢！

本书的出版得到了上海科普教育发展基金会项目资助（资助号：B202107），特此感谢！

本书力争做到深入浅出，通俗形象，旨在为众多对氢科学及相关应用感兴趣的读者提供科学参考，从而达到普及氢科学知识的目的。但由于作者的水平和时间有限，书中难免存在诸多不足之处，恳请广大读者提出宝贵意见，以便在修订再版时加以改正，在此致以衷心的感谢！

神奇的氢科学

上海交通大学氢科学中心简介

上海交通大学氢科学中心成立于2018年6月，是国际首家致力于氢能源、氢医学、氢农学研究的交叉平台，也是首家聚焦"氢"领域关键共性科学问题的省部级重点实验室，是上海市和上海交通大学战略性布局的前沿交叉平台。

氢科学中心建有1个交叉科研中心、3个应用示范基地，研究中心占地面积超3 000 m^2，拥有充足的科研经费。氢科学

上海交通大学氢科学中心

中心有氢能源、氢医学、氢农学三大研究方向，汇聚了氢科学领域专家学者60余人，其中中国工程院院士1名，中青年领军人物及四青人才26人。

氢科学中心以前瞻性基础研究为主，兼顾应用性基础研究，进而在氢科学及技术领域实现深度融合的学科交叉，以期实现引领性原创成果及关键共性技术的重大突破，实现氢科学整体达到国际领先水平。氢科学中心将努力建设成为氢科学国家战略研究智库，为氢经济发展提供人才和技术支撑。

氢科学中心将氢科学普及放在与科学研究同等重要的位置，目前建设有1个氢科学主题科普展馆以及3个科普教育实践基地，向民众展示氢科学知识和最新氢科学发展动态，为加速普及氢科学，提高民众的科学素养，提供有力的平台支撑。

欢迎关注上海交通大学氢科学中心！

目录

神奇的氢科学

目
录

神奇的氢科学

第1章 走进氢世界

氢是宇宙中最古老、含量最丰富的元素,大约占宇宙总质量的75%(见图1-1),因而也被称为"百素之首"。在我们的地球上,氢气无处不在。

16世纪,人们发现了氢,之后对氢的研究从未停止过。氢气非常"顽皮",并不愿意"乖巧"地待在容器里,哪怕是钢铁容器,氢气也能使其发生氢脆而遭受破坏。另外,氢气"脾气暴躁,一点就着",若在爆炸极限范围内,一点火星甚至是静电即可引起爆炸。科学家们经过不断的研究和探索,终于掌握了"驯服"氢的方法。现如今,氢

图1-1 宇宙中氢含量约为75 wt%[①]

---

① wt%,wt为英文weight(重量)的缩写,wt%表示质量百分比浓度。

已逐渐应用到人们日常生活的方方面面,在工业领域、能源领域、医学领域、农业领域都能见到氢的身影。科学家们甚至有"没有氧活不了,没有氢活不好""氧气是生命之母,氢气是生命之父"的说法,下面就让我们对神奇的氢一探究竟吧。

氢的发展史

氢诞生于宇宙大爆炸时期(见图1-2),是宇宙中最古老、最简单的元素。根据宇宙大爆炸理论[①],在130多亿年前发生宇宙大爆炸时,宇宙温度急剧下降,空间距离开始膨胀,出现了各种

基本粒子,如电子、光子和中微子。后来各种基本粒子在希格斯场中获得了质量,而在胶子的作用下,形成了质子。随着宇宙温度进一步的下降,大约在宇宙大爆炸后的38万年后,电子

图1-2 氢原子是宇宙大爆炸时形成的第一个最简单的原子

---

① 宇宙大爆炸理论:即"大爆炸宇宙论"(the big bang theory),是现代宇宙学中最有影响的一种学说。它的主要观点认为,宇宙是由一个致密炽热的奇点于137亿年前一次大爆炸后膨胀形成的。宇宙曾有一段从热到冷的演化史,在这个时期,宇宙体系在不断地膨胀,使物质密度从密到稀地演化,如同一次规模巨大的爆炸。

和原子核结合成为原子,形成了宇宙中的第一种原子:氢原子。

在宇宙形成的初期,宇宙中最主要的元素就是氢元素。氢也是最简单的元素,所有其他元素都由氢聚合演变而来。

氢与宇宙同龄,它的存在已有130多亿年的历史,但是我们人类是在16世纪才开始关注到这一古老的重要物质。

1520年,瑞士的一位医生、炼金术士帕拉塞尔苏斯(Paracelsus,1494—1541)意外发现酸腐蚀金属时会产生一种气体,并研究了这种气体是否与我们呼吸的空气一样。但在当时,帕拉塞尔苏斯并不知道这就是氢气,他成了有历史记录以来,最早发现氢气的人(见图1-3)。

17世纪,陆续有不同的科学家研究了氢。1650年,另一位瑞士医生德梅耶内(Turquet de Mayerne,曾经担任过多位英国和法国国王的御医)发现了稀硫酸与铁反应获得的一种易燃的气体,他将其称为"易燃空气"。1700年,法国化学家尼古拉斯·莱默里(Nicolas Lemery,1645—1715)进一步发现,

| 瑞士医生帕拉塞尔苏斯(Paracelsus,1494—1541) | 英国物理学家、化学家亨利·卡文迪许(Henry Cavendish,1731—1810) | 法国化学家安托万·拉瓦锡(Antoine-Laurent de Lavoisier,1743—1794) |

图1-3 氢发现史上几位具有代表性的科学家

硫酸与铁反应产生的这种气体在空气中具有爆炸性。这是人类对氢气性质的最早描述。由于当时科学技术水平很低，人们把接触到的各种气体都笼统地称作空气，并未认识到它是一种元素的单质，对氢气的研究并没有实质性的进展。

直到18世纪中期，英国物理学家、化学家亨利·卡文迪许（Henry Cavendish, 1731—1810）使用多种金属重复了帕拉塞尔苏斯的实验，并用猪的膀胱收集释放的气体进行了详细的研究。1766年，卡文迪许发表了他的第一篇论文《论人工空气》，并提交给英国皇家学会。这一论文系统地介绍了他对"固定空气"①和"易燃空气"的实验研究，他发现这种"易燃空气"能在空气中燃烧并产生水。当1778年氧气被发现后，卡文迪许用纯氧气代替空气重复以前的实验，他不仅证明"易燃空气"的燃烧产物为水，而且证实大约2体积的"易燃气体"与1体积的氧气恰好完全反应，且反应物全部转化成水，该实验结果最终发表于1784年。

尽管卡文迪许首先发现了氢气，并首先证明了氢气和氧气反应的定量关系，但由于受到当时传统理论"燃素学说"②的束缚，他并没有意识到发现氢气的重要价值。他认为，金属中含有燃素，当金属在酸中溶解的时候，金属所含的燃素释放出来，便形成了这种"易燃空气"。

---

① "固定空气"：指二氧化碳，这是当时人们对二氧化碳的称呼。
② 1703年，德国化学家施塔尔总结了前人关于燃烧本质的各种观点，系统地提出了燃素学说：火是一种由无数细小而活泼的微粒构成的物质实体。这种微粒可以和其他的元素结合形成化合物。同时也能够以游离的形式存在。如果大量的微粒聚集在一起就会形成明显的火焰，这些微粒弥漫在大气之中便给人以热的感觉。由这种微粒构成的火的元素称为"燃素"。

18世纪后期，法国著名化学家安托万·拉瓦锡（Antoine-Laurent de Lavoisier, 1743—1794）重复了卡文迪许的实验，并明确提出：水不是由一种元素组成的，而是氢和氧的化合物。拉瓦锡于1787年确认氢是一种元素，将这种气体命名为"hydrogen"（氢），"hydro"是"水"之意，"gen"是"制造、产生"之意。

在近现代科学史上，人们最终把"氢气的发现"和"发现和证明了水是氢和氧的化合物而非元素"这两项重大成就归功于亨利·卡文迪许。因为是他最先把氢气收集起来，并仔细加以研究，进而确定了氢气的密度等关键性质。

自从发现氢气以来，科学家们从未停止过对它的研究与探索。

1803年：法国巴黎的居民开始逐渐采用民用燃气（主要成分为氢气）照明。

1806年：瑞士发明家诺米尔·莱诺（Noemie Lenoir）制造出了人类历史上第一台以氢氧混合气体为能源的单缸内燃机——德利瓦引擎。

1807年：西班牙的艾萨克·德·里瓦斯（Isaac de Rivaz）制造了首辆氢气内燃机汽车。

1839年：英国科学家威廉·罗伯特·格罗夫（William Robert Grove）发现了氢氧燃料电池的工作原理。

1909年：德国化学家弗里茨·哈伯（Fritz Haber）以氢气为原料合成了氨，氢气成了加工工业的基础化学原料。

1923年：巴斯夫以氢气为原料，在莱那生产了第一批合成甲醇。

1960年：氢气成为用于探索太空的火箭发动机的首选燃料。

1970年：氢原子核聚变实验成功。

1975年：Dole Team发现氢气的抗氧化作用可有效治疗皮肤的恶性肿瘤。

20世纪末：氢燃料电池用于太空舱，并在汽车、移动和固定设备上测试。

21世纪：氢医学逐渐发展并兴起，氢对其他生物的作用也开始逐渐引起人们的关注，氢农业随之萌芽（见图1-4）。

图1-4　氢发现与应用的历史时间轴

2007年：日本科学家太田成男发现氢气能选择性地减少细胞毒性的氧自由基，可用于抗氧化治疗。

什么是氢

氢是一种化学元素，元素符号为H，氢原子仅由一个质子和一个电子组成，是最简单的原子，位于元素周期表的第一位（见图1-5）。

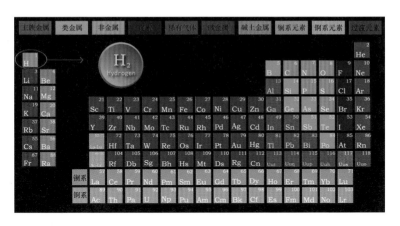

图1-5　氢在元素周期表中位于第一位

　　自然界中的氢以 ^1H（氕〈piē〉，H）、^2H（氘〈dāo〉，D）和 ^3H（氚〈chuān〉，T）三种同位素的形式存在（见图1-6），相对丰度[①]分别约为99.984 4%、0.015 6%、低于0.001%。其中氚具有放射性，半衰期为12.46年。如果不做特别说明，氢一般指含量最丰富的氕。

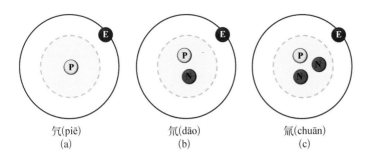

氕(piē)　　　　　氘(dāo)　　　　　氚(chuān)
(a)　　　　　　　(b)　　　　　　　(c)

图1-6　自然界中存在的氢同位素

---

① 相对丰度：又称同位素丰度比(isotopic abundance ratio)，指气体中轻组分的丰度与其余组分丰度之和的比值。

质子数相同而中子数不同的同一元素的不同核素互称为同位素。在自然界中天然存在的同位素称为天然同位素,人工合成的同位素称为人造同位素。如果该同位素有放射性,则被称为放射性同位素。有些放射性同位素是自然界中存在的,有些则是利用核粒子,如质子、α粒子或中子轰击稳定的核而人为产生的。

氕〈piē〉(^{1}H):氢的主要稳定同位素,元素符号为H,它的原子核仅由一个质子组成,质量数为1[见图1-6(a)]。它是氢的主要成分,其天然丰度为99.984 4%。按原子百分数计,氕是宇宙中最多的元素,在地球上的含量仅次于氧,它主要分布于水及各种碳氢化合物中。在常温下,氕是无色、无味、无臭的气体。

氘〈dāo〉(^{2}H):氢的一种稳定形态同位素,也称为重氢,元素符号为D或^{2}H,它的原子核由一个质子和一个中子组成,质量数为2[见图1-6(b)]。在大自然中氘的含量约为一般氢的七千分之一,少量存在于天然水中,通常其在水的氢中含量为0.013 9%~0.015 7%,化学性质与氕完全相同,但因质量大,反应速度小一些。氘可用于核反应,并在化学和生物学的研究工作中作为示踪原子。重氢在常温常压下为无色、无臭、无毒的可燃性气体。

氚〈chuān〉(^{3}H):氢的放射性同位素,即"超重氢"。元素符号为T或^{3}H,它的原子核由一个质子和两个中子组成,质量数为3[见图1-6(c)]。在自然界中,氚含量极微,一般由核反应制得,主要用于热核反应。用中子轰击锂可产生氚。

人造氢同位素则有^{4}H、^{5}H、^{6}H、^{7}H等,人造同位素不稳定,目前基本还没有被利用。

^{4}H：氢的一种人造同位素，它包含了一个质子和三个中子。在实验室里，是用氚的原子核轰炸氚的原子核而合成一个^{4}H的原子核。在此过程中，氚的原子核会从氚的原子核上吸收一个中子，半衰期为$9.936\,96 \times 10^{-23}$ s。

^{5}H：氢的一种人造同位素，它的原子核包含了一个质子和四个中子，在实验室里用一个氚的原子核轰炸氚，让氚吸收两个氚原子核的质子而形成^{5}H。^{5}H的半衰期非常短，只有$8.019\,30 \times 10^{-23}$ s。

^{6}H：氢的一种不稳定人造同位素，它包含了一个质子和五个中子，半衰期为3×10^{-22} s。

^{7}H：氢的一种不稳定人造同位素，它包含了一个质子和六个中子。

氢同位素主要有以下3种用途：

（1）热核反应的原料。这是氢同位素最重要的用途。氢的同位素氘和氚可以作为热核聚变的材料，在一定的条件下（如超高温和高压），氘和氚发生核聚合反应即核聚变，生成氦和中子，并产生大量的热。

反应式如下：

$$_1^2H + _1^3H \rightarrow _2^4He + _0^1n \qquad (1-1)$$

每消耗1 g的氘、氚核聚变燃料可获得的能量相当于8 t汽油在燃烧反应中所放出的能量。由此可见核聚变的巨大潜力，图1-7为其反应示意图。

尽管还有其他核素之间也能发生核聚变，但因为原子核

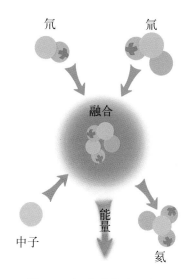

氘　　　　氚

融合

中子

能量

氦

图1-7　氘、氚核聚变示意图

所带电荷越多越需要更高的温度引发核聚变,所以人们选用质量最轻的几种核素作为聚变核燃料。虽然核聚变的能量密度很高,且人们已经制造出可以维持数分钟的核聚变反应堆,但将聚变核燃料用作能源目前仍只在理论上可行。

（2）测定地球的古气候。随着稳定同位素研究的进展,利用氧、氢同位素测定古气候已成为沉积环境地球化学研究的前沿课题。当含有放射性同位素的物质形成后,与周围环境隔绝的放射性同位素(母体)不断地衰变而减少,衰变产生的稳定同位素(子体)在该物体中产生相应的积累。通过准确地测定物体中同位素母体和子体的含量,再根据放射性衰变定律可计算出该物体的年龄。从20世纪60年代开始,美国、中国和西欧国家的冰川学家就在南极大陆和格陵兰岛的内陆冰盖上钻取冰芯,通过分析不同年代冰芯里的氢同位素、氧同位素、痕量气体、二氧化碳、大气尘及宇宙尘等,来确定当时的全球平均气温、大气成分、大气同位素组成、降水量等诸项气候环境要素(见图1-8)。该应用对加深认识当今全球气候变化和预估未来气候至关重要。

（3）同位素示踪技术。自然界中组成每个元素的稳定核素和放射性核素大体具有相同的物理性质和化学性质,即放

图1-8　中国第33次南极科学考察：吉林大学科考队参与南极昆仑站Dome A[①]地区深冰芯钻探科学任务

射性核素或稀有稳定核素的原子、分子及其化合物，与普通物质的相应原子、分子及其化合物具有相同的物理和化学性质。因此，可利用放射性核素或经富集的稀有稳定核素来示踪待研究的客观世界及其变化过程。通过放射性测量方法，可观察由放射性核素标记的物质的分布和变化情况。氘和氚可以作为示踪剂研究化学过程和生物化学过程的微观机理。因为氘原子和氚原子都保留普通氢的全部化学性质，而氘、氚与氢的质量不同，氘和氚的放射性也不同。示踪技术可以深入研究示踪分子的来龙去脉。例如，利用氢同位素记录污水的历史，可以为控制污水排放提供依据。利用最新的"氢稳定同位

① Dome A 又称"冰穹 A"，是南极冰盖最高点。2017年，南极科考队员在南极 Dome A 地区成功突破800 m大关。图片拍摄于2017年。

素质谱技术",开发出对环境中有机污染物的"分子水平氢稳定同位素指纹分析法",可以追踪污染源。

氢的存在形式有哪些

氢的最小单元是氢原子,它由原子核内含有一个带正电的质子,即质子氢原子核和一个围绕原子核旋转的带负电的电子组成。两个氢原子则可通过共价键(共享核外电子)形成氢分子,即氢气,如图1-9所示。

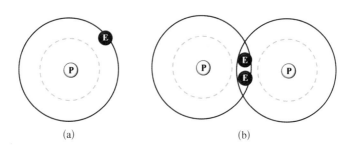

(a)   (b)

P—质子;E—电子。

图1-9　氢的结构示意图

(a)氢原子;(b)氢分子

氢气并不是自然界中最常见的氢的存在形式。自然界中的氢大多数以化合物的形式存在,最熟悉的就是我们常见的水,水中含有2个氢原子。另外,一切有机物中都含有氢,比如蛋白质、脂肪。在这些化合物中,氢以共价键的形式与别的原子结合,如图1-10(a)所示。

氢在无机化合物中,则以离子态存在。在各种无机酸中,氢原子失去核外电子,以质子氢,即氢正离子的形式存在,如图1-10(b)所示。而在一些金属氢化物(如氢化镁、氢化钙)中,一个氢原子获取金属外的一个电子,以氢负离子的形式存在,如图1-10(c)所示。

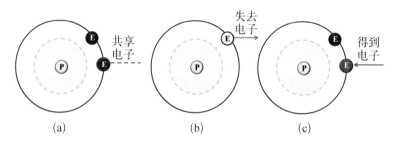

图1-10　不同形式的氢结构示意图

(a)共价态氢;(b)氢正离子;(c)氢负离子

除了上述提到的氢原子、氢分子、共价键状态氢、离子态的氢正离子和氢负离子,在宇宙中由于极端条件还存在着等离子态氢和金属态氢。

在极端高温条件下,氢内电子的热运动非常剧烈,具有的动能可以克服原子核的电磁作用力,这时原子核和电子混成"一锅粥",可以在空间内移动,而不像固体中的粒子那样只能固定在某一点附近振动,即电子无法与附近的原子核通过电磁作用形成稳定的化学键,这就是等离子状态。等离子态氢存在于太阳中,太阳上的温度非常高[1],使氢成了等离子态。

---

① 太阳表面温度约为6 000 ℃,在这样的高温下,一切物质只能以气态存在,因此太阳又是一个炽热的气体球,其中心温度估计高达2×10^7 ℃。

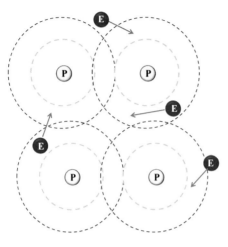

等离子态氢的结构如图1-11所示。

图1-11　等离子态氢结构示意图

当氢被压缩时，会由气态转变为液态，继续施压就转变为固态，进而形成金属氢。在超高压环境下，固态氢中形成了大量的自由电子，具有导电性，同时氢具有了金属光泽，这就是金属氢。

太阳系中的第一和第二大行星木星和土星，氢含量为90%以上，它们在超强的引力作用下，内部压力可达百兆帕，其原子之间的距离被压缩到很小，每个原子核周围都有十几个其他原子，这时候这些电子就可以像金属中的电子一样，在原子核的间隙中自由穿行，被各个原子核"共享"，内部氢为金属态氢。金属态氢的结构如图1-12所示。由于其内部温度高达几万开尔文（K），推测为液态金属氢。

金属氢是科学家们梦寐以求的目标。早在1935年，英国物理学家贝纳尔就预言，在一定的高压下，任何绝缘体都能变成导电的金属。从20世纪40年代开始，美、英等国就投入了大量的人力、物力研制金属氢。在实验室中，只有在达到上百万大气压的超高压下才可得到金属氢，不过，一旦恢复为常压，氢又恢复到初始状态。

由于金属氢制备难度比想象的高，技术进展比预期缓慢，

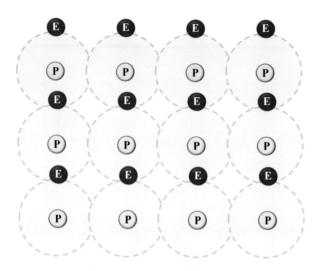

图1-12　金属态氢结构示意图

进入21世纪,金属氢的研究热度明显下降。但在最近几年,美国屡次宣布了关于金属氢的技术突破。先是在2015年,美国桑迪亚国家实验室的科学家,用Z脉冲功率设施的超强磁场(见图1-13)制造冲击波压缩液态氘,并在300 GPa的压强下观察到了反光现象。这些科学家认为,这是氘从绝缘体向金属过渡的特征,故宣布得到了金属氘。

2016年10月,哈佛大学物理学家艾萨克·席维拉团队宣布研制出了金属氢。他们利用金刚石对顶砧压机。这种装备可以产生百吉帕级的极限静态压力,并给出数据:在205 GPa下氢是透明的分子固体,在415 GPa下氢是黑色不透明半导体,当压力达到495 GPa时氢成为具有金属性反光的金属氢,如图1-14、图1-15所示。相关研究结果于2017年1月由权威杂志《科学》进行了报道。按照理论预言,金属氢是一种常温

图1-13　美国桑迪亚国家实验室Z设施

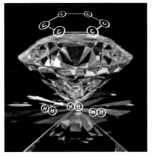

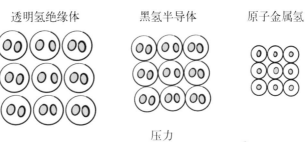

透明氢绝缘体　　　　黑氢半导体　　　　原子金属氢

压力

图1-14　金刚石对顶砧和不同状态氢的结构示意图

图1-15 哈佛大学团队艾萨克·西尔维拉(Isaac Silvera)和兰加·迪亚斯(Ranga Dias)

超导材料。如果哈佛大学实验做出来的真是金属氢,可以用导电性进行验证。不过研究人员在准备测量时,因为操作失误导致金刚石对顶砧碎了,金属氢样本也随之消失。目前,金属氢有没有制备成功还存在争议。

为什么人们如此费尽心机地来研制金属氢呢?这是因为一旦金属氢问世,就如同当年蒸汽机的诞生一样,将会引起科学技术领域一场划时代的革命。

金属氢是一种亚稳态物质,可以用它来做成约束等离子体的"磁笼",把炽热的电离气体"盛装"起来,这样,受控核聚变反应就能使原子核能转变成电能,而这种电能将是廉价又干净的,在地球上就可造起"模仿太阳的工厂",最终解决人类的能源问题。

用金属氢输电,可以逐步取消大型的变电站,输电效率将达到99%以上,可使全世界的发电量增加四分之一以上。如果用金属氢制造发电机,其重量不到普通发电机重量的10%,而输出功率则可以提高几十倍乃至上百倍。

金属氢还具有重大的军用价值。当前火箭应用液氢做燃料,因此必须把火箭做成一个很大的热水瓶似的容器,以确保低温。如果使用了金属氢,火箭就可以制造得灵巧、小型。金属氢应用于航空技术可极大地增大时速,使时速甚至可以超过声速许多倍。金属氢的密度是液态氢的7倍左右,因此,由它组成的燃料电池可实现高能量密度,这也是汽车、飞机等交通工具技术革命追求的目标。

金属氢内储藏着巨大的能量,是普通TNT炸药释放能量的30～40倍。基于金属氢还可开发许多新型武器。

氢在哪里

氢遍布整个宇宙,是宇宙中含量最多的元素,约占宇宙所有物质的75%。在宇宙空间中,氢原子的数目约是其他所有元素原子总和的100倍。宇宙空间中的氢主要为原子态氢。

在太阳系中各个天体的氢含量与其质量密切相关。天体质量越大,引力越大,对氢元素起到的吸附作用越强,氢含量越丰富。若以地球的质量基数为1,那么太阳系各天体的质量和氢含量如下:

330 000(92%)$_{太阳}$ > 318(90%)$_{木星}$ > 95(90%)$_{土星}$ > 17

$(80\%)_{海王星} > 15(80\%)_{天王星} > 1(17\%)_{地球} > 0.82_{金星} > 0.11_{火星} > 0.06_{水星}$（详见图1-16）。

图1-16 太阳系中天体的质量和氢含量

注：at%代表原子分数。

太阳的质量是地球的33万倍，太阳占据了太阳系中绝大多数的氢，太阳光球中氢的丰度为2.5×10^{10}（以硅的丰度为10^6计），是硅的25 000倍（Kuroda，1983年），是太阳光球中含量最丰富的元素。据计算，氢占太阳及其行星原子总量的92%，占原子质量的74%（卡梅伦，1968年）。太阳是一个熊熊燃烧的氢球，它无时无刻不在发生氢核聚变发光发热。在氢核聚变反应中，4个氢原子通过三步反应最终生成1个氦-4原子，同时放出大量的能量（见图1-17）。

太阳的氢核聚变反应过程十分复杂，可用简单的反应式概括如下[1]：

---

[1] 其中：^1H为氕核，^2H为氘核，^3He为氦-3，^4He为氦-4，e^+为正电子，ν为中微子，γ为光子。

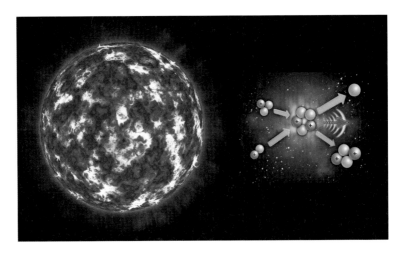

图1-17　太阳氢核聚变反应原理图

$$^1H + {}^1H \rightarrow {}^2H + e^+ + \nu \qquad \Delta E = 1.442 \text{ MeV} \qquad （1-2）$$

$$^2H + {}^1H \rightarrow {}^3He + \gamma \qquad \Delta E = 5.494 \text{ MeV} \qquad （1-3）$$

$$^3He + {}^3He \rightarrow {}^4He + 2{}^1H \qquad \Delta E = 12.860 \text{ MeV} \qquad （1-4）$$

　　除太阳之外，木星、土星、天王星和海王星四颗气态行星上面的氢含量相对丰富，特别是木星和土星，其大气的主要成分是氢气，占比90%以上，单看大气层的话，实际木星和土星的氢元素与宇宙中氢的平均含量差不多。与木星和土星相比较，天王星和海王星的氢含量低一些，约占80%。而太阳系中的四颗岩质行星水星、金星、地球、火星由于质量不足，吸附氢气的能力有限，氢气含量十分稀少。地球的氢含量只有0.76%，绝大部分以化合物的状态存在。

　　太阳系中的四大气态行星：木星、土星、天王星和海王星的大气层中，主要为气态氢。天王星和海王星的大气中还含有微量甲烷,因此其大气呈现美丽的蓝色。在行星内部,氢的存在形式则完全不同,在木星和土星内部,由于超强的引力作用,其内部压力可达百兆帕,氢为金属态。由于木星和土星的内部温度都高达几万开尔文,因此推测氢的形式为液态金属氢。在海王星和天王星内部,则是高温高压下水、甲烷、氨等有机物构成的冰海洋,即以化合物形式的氢存在。木星和海王星上氢的分布情况如图1-18所示。

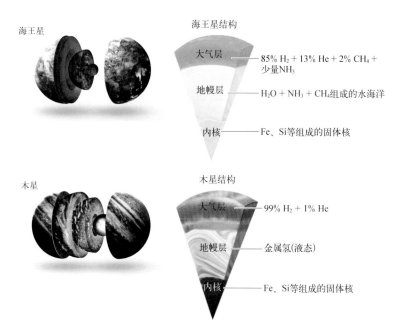

海王星

海王星结构

大气层 —— 85% H_2 + 13% He + 2% CH_4 + 少量NH_3

地幔层 —— H_2O + NH_3 + CH_3组成的水海洋

内核 —— Fe、Si等组成的固体核

木星

木星结构

大气层 —— 99% H_2 + 1% He

地幔层 —— 金属氢(液态)

内核 —— Fe、Si等组成的固体核

图1-18 木星和海王星上的氢分布情况

在地球上,氢的质量所占比例大概不到地球所有物质质量的1%,但地球上的万物生长却离不开氢。自然界中氢主要以化合物形式存在。首先是我们最熟悉、生命赖以生存的水,就是氢的"巨大仓库"（见图1-19）。1个水分子含有两个氢原子，水中含11%的氢。地球上的海洋覆盖面积达71%，海洋的总体积约为$1.37 \times 10^9 \, km^3$，若把其中的氢提炼出来，约有$1.4 \times 10^7 \, t$，所产生的热量是地球上矿物燃料的9 000倍。

日常使用的煤炭、石油、天然气等有机物含有丰富的氢，而且，氢含量越高，燃烧释放的能量越多，排放的二氧化碳越少。因此，从能源角度看，未来的终极高效能源一定是氢气（见图1-20）。我们平时摄入的营养物质，包括碳水化合物、脂肪、蛋白质等也含有丰富的氢。同样，氢含量越高，能给我们提供的能量越多。

包括我们人类在内的所有生物的组成也都离不开氢，生

图1-19　水是氢的"巨大仓库"

煤炭(6%~11%, $3.1×10^7$ J/kg)

石油(11%~14%, $4.3×10^7$ J/kg)

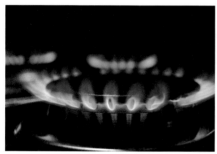
天然气(25%, $5.6×10^7$ J/kg)

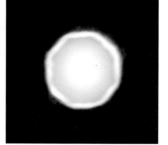
氢气(100%, $14×10^7$ J/kg)

图1-20 常用能源: 煤炭、石油、天然气、氢气及其中氢含量(燃烧释放的能量随氢含量增加而递增)

物体的共同物质基础是蛋白质和核酸, 而在蛋白质和核酸中, 最重要的元素除了碳就是氢, 氢可谓是"生命元素"。美国得克萨斯州的一位生物学家乔·汉森(Joe Hanson)博士计算得到刚出生时的人体化学分子式: $Co_1Mo_3Se_4Cr_7F_{13}Mn_{13}I_{14}Cu_{76}$ $Zn_{2\,110}Fe_{2\,680}Si_{38\,600}Mg_{40\,000}Cl_{127\,000}K_{177\,000}Na_{183\,000}S_{206\,000}P_{1\,020\,000}$ $Ca_{1\,500\,000}N_{6\,430\,000}C_{85\,700\,000}O_{132\,000\,000}H_{375\,000\,000}$, 如图1-21所示。"人体分子"包含约3.75亿个氢原子, 氢是人体中含量"最多"的元素。

$$Co_1 \ Mo_3 \ Se_4 \ Cr_7 \ F_{13} \ Mn_{13} \ I_{14} \ Cu_{76} \ Zn_{2\,110}$$

$$Fe_{2\,680} \ Si_{38\,600} \ Mg_{40\,000} \ Cl_{127\,000} \ K_{177\,000}$$

$$Na_{183\,000} \ S_{206\,000} \ P_{1\,020\,000} \ Ca_{1\,500\,000}$$

$$N_{6\,430\,000} \ C_{85\,700\,000}$$

$$O_{132\,000\,000} \ H_{375\,000\,000}$$

图1-21 刚出生时的人体分子式

图1-22 肠道菌发酵产生的氢气有利于人类高寿

在动物体内,除了化合态的氢,还存在游离态的氢。约150年前,人们就发现肠菌可通过食物发酵产生氢气。日本学者做过一个非常有趣的实验,测试对比了高寿老人和普通老人呼出气体中的氢含量,发现高寿老人呼出气体中的氢含量普遍较高,得出结论:肠道发酵产生的氢气可能影响人类寿命(见图1-22)。

氢无处不在。宇宙起源于氢,生命离不开氢,随着科学技术的发展,氢也将在人类社会的各个方面发挥着积极的作用。

神奇的氢科学

氢具有哪些特性

氢气是氢元素形成的单质,是由两个氢原子组成的自然界中相对分子质量最小的物质。接下来,我们将分别从物理性质和化学性质两个角度来了解氢气具有哪些特性。

氢气的物理性质

氢气是一种无色、无味、无臭的可燃性气体,燃烧的火焰呈淡蓝色(见图1-23)。这也是发现氢气后的很长一段时间里被认为是一种可燃性空气的原因。

氢气通常有3种状态,即气态、液态和固态。氢气在常温常压下为气态,不做特殊说明时氢一般指气态氢(见图1-24)。

图1-23　氢气燃点为574 ℃,燃烧的火焰呈现淡蓝色

| −253℃ | −259℃ |
| 气态 0.083 g/L | 液态 71 g/L | 固态 86 g/L |

图1-24　氢的三种状态

氢气是自然界中相对分子质量最小、最轻的气体,氢气的密度非常小,标准状况下(温度为0 ℃,压强为101.325 kPa)密度为0.083 g/L,只有空气的十四分之一。人们曾利用氢气的这一特性制作氢飞艇作为交通运输工具,其中最著名的就属"兴登堡"号飞艇。但是由于氢气易燃易爆,静电或者火花都存在点燃氢气而发生爆炸的可能,现已禁止使用。

　　1936年3月,德国的齐柏林飞艇公司完成了梦幻般的飞艇"兴登堡"号(见图1-25)的建造,它是齐柏林飞艇公司为德国政府建造的飞艇舰队中最先进的也是最大的一艘,人们以当时的德国总统兴登堡的名字为其命名。这个巨无霸的长度为245 m,最大直径为41.4 m[①],艇体内部的16个巨型氢气囊总容积达到了$2.0376 \times 10^5 \, m^3$。埃克纳曾一度试图把气囊

图1-25　"兴登堡"号飞艇

---

① 这艘飞艇长度是波音747客机长度的3.5倍;最大直径为41.4 m,是波音747客机宽度的6.5倍。

设计成较安全的外氦内氢结构,但因美国对德的氦气出口禁令而作罢。全氢气囊使飞艇的升力增加了8%,可用升力达到112 t。四台强劲的奔驰16缸柴油发动机分布于艇身左右两侧的四个发动机吊舱中,单机最大功率为1 300马力,飞行时间可持续5分钟,巡航功率为850马力。飞艇可以达到135 km/h的最大速度和121 km/h的巡航速度。它是20世纪30年代的"空中豪华客轮",曾经连续34次满载乘客和货物横跨风急浪高的大西洋,到达北美洲和南美洲。

"兴登堡"号飞艇堪称是当时世界上最大、最先进、最豪华的飞艇,它所搭载的旅客也都是成功商人和社会名流。1937年5月6日,这艘巨大的飞艇正在新泽西州莱克赫斯特海军航空总站上空准备着陆,但在着陆过程中突然起火,仅仅几分钟的时间,华丽的"兴登堡"号飞艇就在这场灾难性的事故中被大火焚毁,97名乘客和乘务人员中有36人死亡。

想必大家也都在思考着一个问题,为什么飞艇会突然起火呢?目前虽然并没有确定具体原因,但通过对事故现场的勘察和合理推断,人们认为灾难是由静电或火花点燃了氢气囊中的氢气所致。

"兴登堡"号穿过雨云时,机体充满了负电荷,当机组人员将湿透的绳子抛下地面准备停泊时,这些绳子就起到了接地线的作用。当飞艇的金属架因接地而充电,机壳便开始升温,其外表面易燃的涂料开始自燃;当然也可能是由于在下降过程中,固定钢缆断裂划破气囊,导致氢气外泄,产生的静电火花引燃了氢气。另一种说法是,地面静电通过系留绳索传到艇身,使凝聚在气囊蒙布上的一层水滴导电;把整个艇体变成一个巨大的电容器,雷电产生的电火花点燃了在飞艇后部的氢气。在"兴登堡"号失事后,由于安全性的问题,飞艇从此退出历史舞台。

所幸的是,在"兴登堡"空难中,经过奋力营救,有近三分之二的飞艇成员幸存了下来,这不能不说是一个奇迹。这除了得益于当时飞艇高度较低,下落较缓外,还得益于氢气"轻"和扩散快的特性。

氢气的"最小密度"特性给储存和运输带来极大困难。通常人们会将氢气压缩到20 MPa并采用长罐拖车运输,此时氢气密度为14.772 g/L,储存和运输氢的密度可提高约180倍。

氢气在−252.77 ℃,即温度达到氢气的沸点时变成无色液体,即液氢。液氢的密度为71 g/L,为常规20 MPa高压态氢的近5倍。目前一些国家或地区,如日本、欧洲,已建设液氢输送管道用于输送氢气,这大大提高了氢能源储存运输效率。液氢通常用作航空航天领域的燃料,液氢与液氧组成的双组元低温液体推进剂的能量极高,已广泛用于发射通信卫星、宇宙飞船和航天飞机等运载火箭中。液氢还能与液氟组成高能推进剂。另外,液氢还可用作新能源汽车的燃料,如宝马Hydrogen 7氢动力汽车,除配有一个容量为74 L的普通油箱外,还配有一个额外的燃料罐,可容纳约8 kg的液态氢。液氢因为需要保持极低温度,能耗大,技术要求高,目前并未在民用领域广泛应用。

继续降低温度到氢气的熔点,即−259.2 ℃时,则变为雪花状的固态氢,此时密度为86 g/L。固态氢的密度只稍高于液态氢,所以人们一般不追求固态氢。

这里特别说明在能源领域经常提到的"固态氢",并不是指低温下的固体氢,而是特指一种固态储氢材料,即利用固体材料对氢气的物理吸附或化学反应等作用,将氢储存于固体材料中。固态储氢需要用到储氢材料,寻找和研制高性能的储氢材料是固态储氢的当务之急。最早发现的是金属钯,1体积钯能溶解几百体积的氢气,但钯很贵,缺少实用价值。目前,科学家们已经找到了资源丰富、低成本的金属材料来储存氢气,可以做到安全、高效、高密度储运氢,是目前最有前途的储运氢方式,例如镁基固态储氢材料,如图1-26所示。

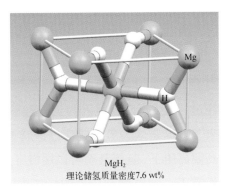

MgH₂

理论储氢质量密度7.6 wt%

图1-26 镁基固态储氢材料

氢气可溶于水,在标准条件下,氢气的溶解度为1.83%(体积分数),即每100 mL水中可以溶解1.83 mL的氢气(见图1-27)。这个溶解度看起来比较小,在气体分析和研究时,甚至可以忽略不计。但是在生物学上,这相当于1 L水中溶解了1.6 mg的氢气。我们日常服用的许多药物,摄入的药剂含量也大多在毫克(mg)数量级。研究表明,饮用饱和浓度的氢水代替日常饮水对人体保健非常有好处,富氢水已是氢医学领域一种重要的给氢方式。但是许多富氢水饮品是用ppm为单位衡量氢水浓度的,ppm即parts per million,每百万分之一。饱和氢水换算后的浓度为1.6 ppm。基于目前国际上大部分学术研究

图1-27　氢在水中的溶解度为1.83%（体积分数），合1.6 ppm

结果，一般认为氢气浓度达到3/4饱和度，即1.2 ppm，就足够产生生物学效应了。

由于氢气是所有气体中最小的分子，氢气具有很强的渗透性，常温下就可透过橡皮和乳胶管，而在高温下可透过钯、镍、钢等金属薄膜。充满氢气的氢气球，往往过一夜，第二天就因为氢气逸散使得气球体积缩小飞不起来了。这是因为氢气能穿过橡胶上肉眼看不见的小细孔。在高温高压下，氢气甚至可以缓慢穿过厚厚的钢板，当钢铁材料暴露于一定温度和压力的氢气中时，氢原子会逐渐渗透于钢的原子空隙中，使钢铁材料的晶粒间原子结合力降低，造成延伸率、断面收缩率降低、强度变低，引起钢铁材料脆化，造成缓慢变形，这会严重破坏钢铁材料，即氢脆。氢气的这种性质对储存和运输氢气的容器提出了非常高的要求。

氢气的比热容大、导热性能好。氢气导热率比空气大7倍。在相同的压力下，氢的比热容是氮的13.6倍，是氦的2.72倍。因此，相对于其他气体，氢的吸热和导热性能都比较强（见表1-1）。

氢的扩散速度快。在空气中，氢气的扩散速度是氮气的2倍，是二氧化碳的近5倍。因此，氢气泄漏发生燃烧时，往往在几秒钟内就烧尽。氢在液体或人体组织中，扩散速度为氮

神奇的氢科学

的3.74倍, 氦的1.41倍(见表1-2)。

表1-1 部分气体的导热系数

气体种类	氢气	氦气	氩气	氧气	氮气	空气	二氧化碳
导热系数[W/(m · k)]	0.163	0.144	0.017 3	0.024 0	0.022 8	0.023 3	0.013 7

表1-2 部分气体在空气中在常压下的扩散系数(温度为273K)

系统	氢气	氮气	氧气	二氧化碳
扩散系数($\times 10^{-5} m^2/s$)	6.11	2.02	1.78	1.38

氢气的传声速度快。在标准状态下, 空气的传声速度是331 m/s, 而氢气的传声速度是1 286 m/s。因此, 人如果呼吸氢气, 则语音会发生明显的改变。

氢气的化学性质

氢气在常温下性质稳定, 其稳定的化学性质主要取决于组成氢气的两个氢原子之间较强的共价键。但氢气在点燃或加热的条件下能与许多物质发生化学反应。

氢气具有可燃性。氢气是一种极易燃的气体, 燃点只有574 ℃, 纯净的氢气在点燃时, 会安静燃烧, 火焰呈淡蓝色, 放出热量并生成水(见图1-28)。

$$2H_2 + O_2 \xrightarrow{\text{点燃}} 2H_2O \qquad (1-5)$$

图1-28　氢燃烧产物为水

氢气的燃烧热值居各种燃料之冠,不同燃料的燃烧热值如图1-29所示。每千克氢气燃烧可释放出120 MJ能量(33.3 kW·h/kg),还不包括残留水蒸气中所包含的20 MJ/kg能量。要获得同样数量的能量需要2.5 kg的天然气、2.75 kg石油或3.7～4.5 kg的煤。因此,氢气是航空航天领域的首选燃料。此外,氢气燃烧产物为水,绿色清洁。因此发展氢能源是实现双碳目标的重要途径。

氢气在氯气中也可燃烧,燃烧火焰为苍白色,其反应式如下:

$$H_2 + Cl_2 \xrightarrow{\text{点燃}} 2HCl \tag{1-6}$$

神奇的氢科学

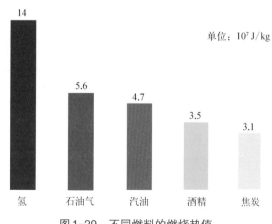

单位：10^7 J/kg

图1-29　不同燃料的燃烧热值

因为氢气具有可燃性，所以氢气具有爆炸风险。当空气中氢气的体积分数为4% ~ 74.2%时，遇到火源可引起爆炸。该体积分数范围叫作氢气的爆炸极限。因此在使用氢气的环境中，必须装设氢气传感器随时探测氢气浓度，同时应杜绝一切火源、火星，禁止产生电火花，以防发生爆炸。

氢气与氯气在光照条件下会发生爆炸；氢气与氟气混合，即使在阴暗的条件下，也会立刻爆炸，生成氟化氢（HF）气体：

$$H_2 + F_2 = 2HF \tag{1-7}$$

当氢气浓度低于4%时，即使在非常高的压力条件下，氢气和氧气的混合气都不会燃烧爆炸。人们利用氢气的这个特点把氢气用于潜水作业，还可以利用氢气这些特点设计安全呼吸氢气的设备（吸氢机）用于医疗领域。

氢气具有还原性。它不但能与氧单质发生反应，还能与某些化合物中的氧发生反应。例如：将氢气通过灼热的氧化铜，可得到红色的金属铜，同时生成水。在该反应里，氢气夺取了氧化铜中的氧，生成了水；氧化铜失去了氧，被还原成红色的铜。可以看出，氢气具有还原性，是很好的还原剂，氢气还可以还原其他一些金属氧化物，例如氧化铁、三氧化钨等。

$$H_2 + CuO = Cu + H_2O（置换反应） \tag{1-8}$$

$$3H_2 + Fe_2O_3 = 2Fe + 3H_2O（置换反应）\quad 高温 \tag{1-9}$$

$$3H_2 + WO_3 = W + 3H_2O（置换反应） \tag{1-10}$$

氢的还原性使其成为天然的还原剂。在工业上氢气常用于防止出现氧化的生产中。例如在电子微芯片的制造中,在氮气保护气中加入氢可以去除残余的氧。氢在医学上的应用也正是基于氢的还原性,其反应机理如图1-30所示。

氢治疗疾病原理

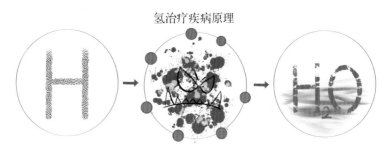

氢 + 毒性氧自由基 = 水

图1-30　氢气还原毒性氧自由基的机理

氢气还可以与部分金属单质发生反应,形成金属氢化物。如金属镁与氢气的反应:

$$H_2 + Mg = MgH_2 \qquad (1-11)$$

金属氢化物的特点是具有强还原性,而且金属氢化物非常容易与水发生反应,并生成氢气。

$$MgH_2 + 2H_2O = Mg(OH)_2 + 2H_2 \uparrow \qquad (1-12)$$

上海交通大学氢科学中心基于氢的这一特性研发了镁基固态储氢材料氢化镁,实现了常温常压下的高密度氢储运。且这种氢为负离子态,具有更强的还原性和抗氧化性,在医学上有着更广阔的应用前景。

神奇的氢科学

氢气应用在哪些领域

性能决定用途,基于对氢气特性的认识,科学家们充分发挥氢气的价值,目前氢气主要应用于工业领域。随着国家"双碳"战略的颁布实施以及环保要求的提出,氢在能源领域的应用正在迅速拓展。而基于氢的还原性,一些前沿领域,如医学领域、农业领域,氢的应用也正在逐步兴起。

工业领域

氢是主要的工业原料,也是最重要的工业气体和特种气体,在石油化工、电子工业、冶金工业、食品加工、浮法玻璃、精细有机合成等方面有着广泛的应用。其中氢气用量最大的去处是合成氨和甲醇,其次是石油化工领域。

氢气是现代炼油工业和化学工业的基本原料之一,其最主要的用途是合成氨工业。我国是农业大国,同时也是合成氨生产大国。数据显示,2020年合成氨使用的氢气占我国氢气总消耗量的37%。氢气合成氨的化学反应式如下:

$$N_2 + 3H_2 = 2NH_3 \qquad (1\text{--}13)$$

氢气可以用于合成甲醇,合成甲醇由于其生产成本较低且用途广泛,已成为有机化学工业的主要原料之一,亦为重要的石油化学品,其主要用途是制造甲醛,其次可以制造对苯二甲酸二甲酯(DMT)、甲基丙烯酸甲酯(MMA)、甲胺、聚乙烯醇、氯甲烷类、醋酸等,此外甲醇可作为溶剂与燃料,若有需要还可制取氢气。2020年合成甲醇使用的氢气占我国氢气总消

耗量的19%。氢气合成甲醇的化学反应式如下:

$$CO + 2H_2 = CH_3OH \qquad (1-14)$$

$$CO_2 + 3H_2 = CH_3OH + H_2O \qquad (1-15)$$

石油炼制工业用氢量仅次于合成氨和甲醇。在石油炼制过程中,氢气主要用于石油加氢脱硫、粗柴油加氢脱硫、燃料油加氢脱硫、改善飞机燃料的无火焰高度和加氢裂化等方面。随着我国环保要求日益严格,国内汽油、煤油、柴油及润滑油的质量指标大幅度提高,炼油过程中使用大量的氢气进行加氢裂化、加氢精制来改善油品质量,因而近年来对氢的需求增长很快。数据显示2020年炼油用氢占我国氢气总消耗量的10%。图1-31所示为目前加氢裂解汽油的一种主要流程。

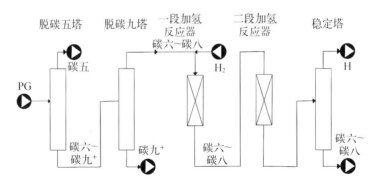

图1-31　加氢裂解汽油的主要流程之一:中心馏分C6 ～ C8馏分加氢,C5、C9馏分不加氢

注:PG,裂解汽油;H_2,氢气;H,硫化氢和其他不凝气。

氢气最主要的用途是合成氨工业。据统计,近年来在我国,合成氨使用的氢气约占氢气总消耗量的80%以上。国内合成氨市场已经逐步进入稳定的状态,产量和产能也呈现相对稳定的状态。合成氨用的氢大部分是由天然气、石油或重油的蒸气转化或部分氧化制取。

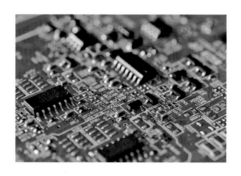

图1-32 半导体产业用氢,纯度需达5N级

在半导体行业,高纯氢发挥重要作用。在晶体的生长与衬底的制备、氧化工艺、外延工艺中以及化学气相淀积(CVD)技术中,均需要用到氢气。半导体工业对氢气纯度要求极高,一般要求达到5N级(9.999 9%),微量杂质的"掺入"将会改变半导体的表面特性(见图1-32)。

在食品加工工业中,氢作为添加剂发挥重要的氢化作用。如对人造黄油、食用油、洗发精、润滑剂、家庭清洁剂及其他产品中的脂肪氢化。图1-33所示为脂肪氢化原理反应式。

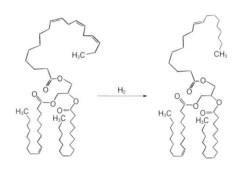

图1-33 脂肪氢化作用原理

能源领域

氢是一种理想的二次清洁能源,不仅航天工业使用液氢作为燃料,日常生活中,汽车、轮船、火车都可用氢作为燃料。氢也可以用来发电,现在科学家们正在研究天然气掺氢,不久的将来还可用氢来烹饪美食。氢在能源领域的主要应用如图

1–34所示。据国际氢能委员会预计，未来氢能在我国终端能源体系的占比将达10%，将逐步成为我国能源战略的重要组成部分。氢能源将在本书第2章中详细介绍。

火箭发射采用液氢作为燃料　　　　氢燃料电池汽车

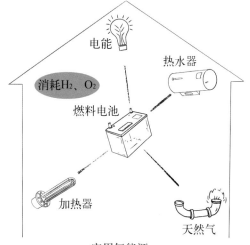

家用氢能源

图1-34　氢在能源领域的应用

医学领域

　　十几年的氢医学研究表明：氢不仅具有选择性抗氧化作用，还具有抗炎症、抗细胞凋亡的作用。研究发现氢对人类常见的70多种慢性疾病（模型）都有很好的防治作用。人们不仅可以通过喝氢水、吸氢气来达到健康的目的,随着固态氢的研制,利用氢制成药物也成为可能。图1-35给出了目前常见的一些医学氢产品形式。氢医学将在本书第3章中详细介绍。

图1-35　医学领域用氢: 吸氢机、富氢水杯、氢饮料、氢胶囊等

农业领域

随着氢医学的发展,氢对其他生物的积极影响引起人们关注。研究发现: 氢对植物具有促进生长、提高抗逆性的作用,氢可提高农产品产量和品质,对农产品具有保鲜作用。氢对养殖业也具有积极作用。氢气不仅让鸡鸭猪长得更快,还可以减少瘟疫的发生。开发氢肥和氢饲料成为研究热点（见图1-36）。氢农学将在本书第4章中详细介绍。

随着科技的发展,氢的研究应用已从工业、能源领域拓展到了生物医药和农业领域。虽然目前氢在医学和农业领域的作用机理尚不清楚,但相信通过科学家的不断研究,氢的价值将不断被挖掘,期待未来能够揭示氢的更多奥秘。

图1-36　农业领域用氢：氢肥、氢饲料等

第2章 氢能源——新能源之星

纵观人类能源的使用历史,从柴薪、煤、石油到天然气,全都是碳氢化合物,它们中氢原子与碳原子(H/C)的比率大致为柴薪:煤:油:天然气=0.1:1:2:4,可以推断对于未来的能源,H/C将趋于无限大,也就是说完全使用氢能源。可见人类的能源发展会经历碳原子的逐渐减少直到为零,而氢原子则逐渐增加直到最大的过程。化石燃料在使用过程中排放二氧化碳,同时加重了环境污染,而氢能源既不会枯竭也不会污染环境。未来从碳能源转向氢能源将是大势所趋。

氢能的发展历史

除核燃料外,氢气的燃烧热值居所有化工燃料榜首。由于氢气燃烧性能好,点燃快,与空气混合时有广泛的可燃范围,所以氢气很早就被人们关注,并作为燃料开始使用。但在氢气刚被人发现的很长一段时间内,绝大多数人对氢气的认识很模糊,氢气的性质没有被社会公众所了解。氢能只在少数领域中被摸索着使用。

1783年：工程师雅克·查尔斯（Jacques Charles）用波义耳的方法制造氢气。实验耗费了250 kg的硫酸和500 kg的铁，反应生成的氢气被巧妙地填充进了一个直径为3.7 m的浸胶织物气球中。一切准备就绪后，气球于1783年8月26日晚被秘密送至战神广场，雅克·查尔斯和助手罗伯特兄弟乘坐氢气球"La Charlière"号进行了首次飞行。

1806年：法国发明家弗朗索瓦·伊萨克·德·里瓦兹（Franço isIsaac De Rivaz）建造了De Rivaz发动机，这是第一台由氢和氧的混合物驱动的内燃机。

1839年：英国法官和科学家威廉·罗伯特·格罗夫（William Robert Grove，1811—1896年，被称为燃料电池之父）开发了格罗夫电池（Grove cell），并制作了首个燃料电池。

1900年："硬式飞艇之父"费迪南德·冯·齐柏林伯爵（Ferdinand Von Zeppelin）发射了第一艘充满氢气的Zeppelin LZ1飞艇。

1952年："迈克"（IVY MIKE）是美国"常春藤行动（Operation Ivy）"核试验中试爆的第一颗技术完全成熟的热核武器，也是第一颗真正的"氢弹"。1961年苏联也爆炸了一颗5 800万吨级的氢弹，1967年，我国在西部上空也成功地试验了氢弹。这是氢能利用发展史中一个巨大里程碑。

1966年：通用汽车公司（General Motors）推出了世界上第一台燃料电池汽车Electrovan（见图2-1）。

从21世纪开始到现在，随着各国对清洁能源的重视，氢能的开发和利用进入了一个新时期。氢能变成了世界性的、

图2-1　世界上第一台燃料电池汽车　图2-2　丰田首款氢燃料电池汽车
Electrovan　　　　　　　　　　　　Mirai

共同开发的项目。

2001年：第一个IV型氢气罐诞生，用于700 bar（10 000 PSI）的压缩氢气。

2014年：丰田（Toyota）发布了首款氢燃料电池汽车Mirai（见图2-2）。

2019年：氢能首次写进了我国《政府工作报告》，要求"推动充电、加氢等设施建设"。2020年氢能立法，成为国策。

2022年3月：国家发改委、能源局发布《氢能产业发展中长期规划（2021—2035年）》，明确氢能是未来国家能源体系的重要组成部分。

氢能为何脱颖而出

氢位于元素周期表之首，它的原子序数为1，在常温常压下为气态，在超低温高压下又转换为液态。作为能源，氢有以下优势。

原子量最小：所有元素中，氢原子质量最小。它是元素周期表118种元素中重量最小的一个，它的"体重"还不到空气的十四分之一。在标准状态下，它的密度为0.089 9 g/L。由于它又轻又小，所以跑得最快，如果让每种元素的原子进行一场别开生面的"赛跑运动"，那么冠军非氢原子莫属。

导热性最好：所有气体中，氢气的导热性最好，比大多数气体的导热系数高出约10倍，因此在能源工业中氢是极好的传热载体。

含量最丰富：氢是自然界存在最普遍的元素，据估计它构成了宇宙质量的75%。在我们居住的地球上，除空气中含有氢气外，其他的氢主要以化合物的形态贮存于水中，而水是地球上最广泛的物质，水就是地球上无处不在的"氢矿"。据推算，如把海水中的氢全部提取出来，它所产生的总热量比地球上所有化石燃料放出的热量还大9 000倍。另外，还可以通过各种一次能源（可以是化石燃料，如天然气、煤、煤层气）和可再生能源（如太阳能、风能、生物质能、海洋能、地热能等）来制得氢气，在工业副产品中也含有丰富的氢可供回收利用。

燃烧热值高：氢气燃烧热值很高，除核燃料外，氢的热值是所有化石燃料、化工燃料和生物燃料中最高的，为1.4×10^5 kJ/kg，其燃烧热值是汽油热值的3倍，酒精的3.9倍，焦炭的4.5倍。

燃烧性能好：氢气与空气混合时有广泛的可燃范围，而且燃点高，燃烧速度快。

能量转化效率高：氢能可以通过燃料电池直接转变为电

神奇的氢科学

能,转变过程中的废热可以进一步利用,其能源利用效率高达83%。氢气燃烧不仅热值高,而且火焰传播速度快、点火能量低,所以氢燃料电池汽车比汽油汽车的燃料利用效率高20%。

碳排放为零:与化石能源的利用相比,氢燃料电池在产生电能的过程中通过电化学反应来将氢转化为电能和水,在该过程中不会产生碳排放物和氮氧化物,没有任何污染,可以实现良性循环。

利用形式多样:氢气作为一种高密度能源存储的载体,可以多种形式使用。既可以通过燃烧产生热能,在热力发动机中产生机械功,又可以作为能源材料用于燃料电池。用氢气代替煤和石油,不需对现有的技术装备作重大的改造,现有的内燃机只需稍加改装即可使用。

对其他能源起调节、补偿作用:氢气可以对矿石燃料、核能、太阳能、水能、风能、海洋能、生物能、地热能等一次能源进行能量上的调节和补偿;也可和电能彼此协调,搭配使用,这使得社会上对各种能源的利用更加和谐、优势互补,最终实现能量的综合利用。

"和平"性:氢气来源广泛,每个国家都有丰富的氢气来源,每个国家也都可以利用氢能。而化石能源分布极不均匀,常常引起激烈的战争。

由以上特点可以看出氢能是一种理想的能源。目前,利用氢能已不是什么新鲜事儿,液氢已广泛用作航天动力的燃料,"两弹一星"中的液氢液氧研究也都是对氢能的利用。在民用工业领域,燃料电池技术作为氢能的理想转化装置,近年来发展迅速。目前,燃料电池是氢能利用最好的技术,它具有无污染、高效率、适用广、无噪声、能连续工作和模块化组装等优点。使用氢能燃料电池的汽车的排放物是水，可真正实现零排放。不过，氢能源能否真正被广泛应用，氢气的制取、储存和输送等技术研发，显得尤为重要。

氢气从何而来

地球上氢元素的含量虽然丰富，但是以纯氢气形式存在的并不多（这里的氢指的是只有一个质子没有中子的氕，约占普通氢的99.98%，氢的其他两个同位素氘和氚在自然界中的分布非常少，本节不做讨论）。氢能属于二次能源，需要通过各种一次能源制取，其中包括矿物燃料、核能、太阳能、水能、风能及海洋能等。按照生产来源不同，氢气一般被分为灰氢、蓝氢、绿氢和金氢四种（见图2-3）。

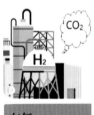

灰氢
• 化石燃料制氢
• 直接碳排放
• >14.51 kg CO_2 e/kg H_2

蓝氢
• 化石燃料制氢
• 碳捕捉技术
• <14.51 kg CO_2 e/kg H_2

绿氢
• 可再生资源制氢
• <4.9 kg CO_2 e/kg H_2

金氢
• 有机固废制氢
• ≤0 g CO_2 e/kg H_2

图2-3 四种不同的氢气

神奇的氢科学

目前有五种主要的制氢方式：矿物燃料制氢（灰氢）、工业副产物制氢、电解水制氢、生物质制氢及太阳能制氢（绿氢）。

矿物燃料制氢

矿物燃料制氢主要指以煤、石油及天然气为原料制取氢气。尽管矿物燃料储量有限，且其制氢过程对环境造成污染，但矿物燃料制氢技术作为一种过渡工艺，仍将在未来几十年的制氢工艺中发挥重要的作用。

煤制氢

煤气化制氢是将煤与气化剂在一定的温度、压力等条件下发生化学反应从而气化为以 H_2 和 CO/CO_2 为主要成分的气态产品，然后经过 CO/CO_2 变换和分离、提纯等处理而获得一定纯度的氢气。煤气化制氢主要包括三个过程：造气反应、水煤气变换反应、氢的提纯与压缩。

煤气化是一个吸热反应，反应所需的热量由氧气和碳发生氧化反应提供。以这种方法制氢的过程中会大量排放二氧化碳等温室气体，不符合低碳化制氢路径的要求，且反应产物含硫化物等腐蚀性气体。近年来，新型煤气化制氢技术也在不断发展，超临界水煤气化技术利用超临界水作为均相反应媒介，具有传统煤气化技术无法比拟的气化效率高、氢气组分高、污染少等优点。

天然气制氢

天然气的主要成分是甲烷。天然气制氢的主要方法：天然气水蒸气重整制氢、天然气部分氧化重整制氢、天然气水蒸气重整与部分氧化联合制氢、天然气（催化）裂解制造氢气。

天然气制氢的基本原理是以天然气为原料,在高温条件或者催化剂的作用下发生复杂的化学反应,从而产生氢气混合气,然后利用变压吸附装置可以制取纯度为99%以上的氢气。

天然气制氢具有产氢量大、技术成熟等优点,是当前氢的主要来源途径。但其制氢反应运行过程造成的系统能耗和温室气体释放量较大,因此需要从改善反应条件、减少反应过程能耗损失等方面着手提高系统的整体环保效应。

液体化石制氢

液体化石包括常压、减压渣油及石油深度加工后的燃料油等重油。重油与水蒸气、氧气反应可制得含氢气的气体产物。该过程一般需要在一定的压力下进行,大多数情况还需要添加合适的催化剂,少数情况不用。制备的气体产物中,按体积来说,氢气占46%,一氧化碳占46%,二氧化碳占6%。目前我国建有大型重油部分氧化制氢装置,大多用于制取合成氨的原料。

碳捕获与碳封存技术

矿物燃料的主要组成元素是碳、氢、氧,上述几种制氢方式中,氢气被制取出来以后,剩余的碳和氧会以二氧化碳的形式排放。为减少碳排放,必须要将二氧化碳进行捕获与封存。碳捕获与封存技术(CCS,见图2-4)通常是指捕获从大型排放源产生的CO_2,将其运输至储存站点并进行封存,避免其排放到大气中的一种技术组合。被封存的CO_2被注入地质结构中,这些地质结构可以是废弃油气田,或是其他适合的地质结构。在CO_2永久性封存之前,还可以将CO_2注入成熟的油田,从而将岩层中的剩余油气驱出。该工艺被称为强化采油技术(EOR),它

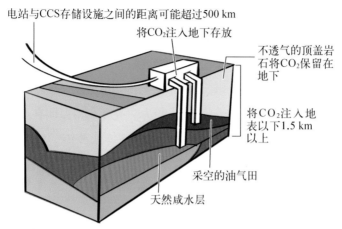

电站与CCS存储设施之间的距离可能超过500 km

将CO₂注入地下存放

不透气的顶盖岩石将CO₂保留在地下

将CO₂注入地表以下1.5 km以上

采空的油气田

天然咸水层

CO₂稳定地保存在多孔岩石内，与周围的盐水和矿物形成天然化合物。

图2-4　碳捕获与封存技术

也是碳捕获、碳使用及碳封存工艺（CCUS）的一种形式。

煤制氢、天然气制氢和液体化石制氢首先制得的是灰氢，但是通过碳捕获与碳封存技术将CO_2捕获封存以后，获取的氢气为蓝氢。

生物质制氢

我们通常所说的生物质，是指由植物或动物生命体而衍生得到的物质的总称。据统计，热带天然林生物质的年生长量为每公顷[①]0.9 ～ 2 toe（吨标准油）（1 toe=42 GJ），全世界每年通过光合作用储藏的太阳能，相当于全球能耗的10倍，如果能通过恰当的方式，将其释放，即使1%的生物能也能对人类社会做出巨大的贡献。

---

① 1公顷=0.01平方千米。

生物质能可直接燃烧供热或发电，再利用这些热和电制氢，为生物质间接制氢。生物质能的利用主要有微生物转化和热化工转化两大类方法，前者主要产生液体燃料，如甲醇、乙醇及氢（发酵细菌产氢、光合生物产氢〈见图2-5〉、光合生物与发酵细菌的混合产氢）；后者为热化工转化，即在高温下通过化学方法将生物质转化为可燃的气体或液体。

神奇的氢科学

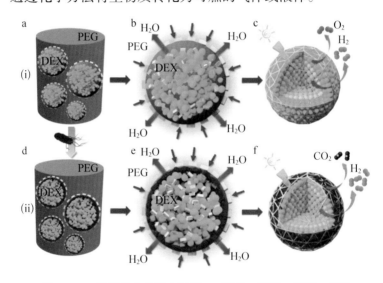

图2-5　一种藻类生物反应制氢——藻类＋液滴＋光照＝氢气

注：PEG，聚乙二醇；DEX，葡聚糖。

生物制氢技术具有环境友好和不消耗化石能源等突出优点。生物体能进行自身复制、繁殖，还能通过光合作用将太阳能和CO_2转换为生物质能，进而制得氢气。从战略的角度来看，通过生物体制取氢气是很有前途的方法。目前许多国家已经投入大量人力、物力开发研究生物制氢技术，以期早日实现该技术产业化。

工业副产物制氢

多种化工过程如电解食盐制碱工业、发酵制酒工业、合成氨化肥工业、石油炼制工业等均有大量副产品氢气产生，如能采取适当的措施进行氢气的分离回收，每年可得到数亿立方米的氢气。

工业副产物制氢主要可以分为焦炉气制氢、氯碱副产品制氢、丙烷脱氢和乙烷裂解等方式，其中氯碱副产品制氢由于工艺成本最为适中且所制取的氢气纯度较高等优势，成为目前化工副产品中较为适宜的制氢方式。氯碱制氢是以食盐水（NaCl）为原料，采用离子膜或者石棉隔膜电解槽生产烧碱（NaOH）和氯气，同时得到副产品氢气的工艺方法。之后再使用变压吸附法等技术去除氢气中的杂质即可得到纯度高于99%的氢气。

工业副产氢是产品生产过程的副产物，因副产氢纯度较低、成分复杂，目前通常只有燃烧等低效利用途径，有的甚至直接送到火炬排空。这类氢气广泛存在于化工行业，成本低廉、不会产生额外碳排放且在全国各地均有分布，将这一类氢气作为燃料电池的氢源，有利于解决燃料氢气的成本问题，真正做到变废为宝。

电解水制氢

水电解制氢是一种传统的制造氢气的方法（也称电解水制氢）。其生产历史已有100余年。水电解最早可追溯到第一次工业革命。1800年，Nicholson 和 Carlisle发现了水的电解。

早在1902年,世界上已建成400多个工业电解池。

　　水电解制氢的电能消耗较高,所以目前利用水电解制造氢气的产量仅占总产量的约4%。水电解制氢技术具有氢气产品纯度高和操作简便的特点。

　　水电解制造氢气是一种成熟的工业制造氢气的方法。水(H_2O)被直流电电解生成氢气和氧气的过程被称为电解水。在充满电解液的电解槽中通入直流电,在阴极通过还原水(发生还原反应)形成氢气(H_2);在阳极则通过氧化水(发生氧化反应)形成氧气(O_2),反应中氢气生成量大约是氧气的两倍。最后经过分离获得氢气。电解水制氢工艺简单,完全自动化,且操作方便。其氢气产品的纯度也极高,一般可以达到99% ～ 99.9%水平。

　　水电解槽是水电解制氢过程的主要装置,水电解槽的电解电压、电流密度、工作温度和压力对产氢量有明显的影响。水电解槽的部件如电极、电解质的改进研究是近年来的研究重点。

　　电解水制氢应该是最"捷径"的方法。地球上水资源丰富,水中只含氢和氧,制出的氢和氧纯度高,氢和氧都是工业重要原料。可是,传统的电解水制氢方法耗电太多,成本高,故该方法在制氢行业中所占的比例小。所以科学工作者一直在寻找电解水制氢的新方法。大致的目标是成本更低手段简洁,技术路线的方向在于阳极和阴极材料要对水的离子的分离起到催化作用,还会采用"离子膜技术"让离子单向运动。

　　目前电解水制氢技术中,根据电解槽隔膜材料的不同,主要分为碱性电解水制氢(AE)、质子交换膜电解水制氢(PEM)

和高温固态氧化物制氢（SOEC）这三种，其中前两种已经产业化，第三种还处于试验示范阶段。

碱性水电解制氢（AE）是以氢氧化钾（KOH）水溶液为电解质，以石棉膜为隔膜，通电将水分子进行电解得到氢气和氧气（见图2-6）。在电解反应中，阴极和阳极处的反应分别如下式所示：

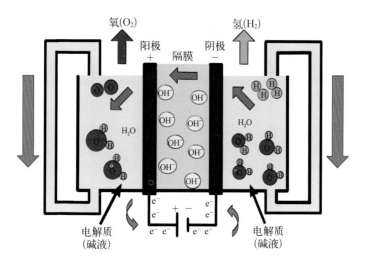

图2-6　碱性液体水电解原理示意

$$2H_2O + 2e^- \rightarrow H_2 + 2OH^- \qquad (2-1)$$

$$2OH^- \rightarrow \frac{1}{2}O_2 + 2e^- + H_2O \qquad (2-2)$$

这种方式是当前最成熟、经济和易于操作的制氢方法，因此被广泛应用，但缺点是产氢效率在三种电解方式中最低。

质子交换膜水电解制氢（PEM）是以水为电解质，以质子交换膜为隔膜，在电极催化剂的作用下，将水分子电解为氢

气和氧气（见图2-7）。在电解反应中,阳极和阴极处的反应分别如下式所示:

$$H_2O \rightarrow \frac{1}{2}O_2 + 2H^+ + 2e^- \qquad (2-3)$$

$$2H^+ + 2e^- \rightarrow H_2 \qquad (2-4)$$

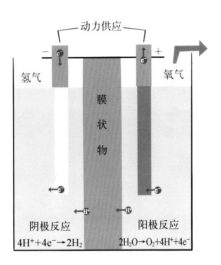

图2-7 质子交换膜水电解制氢的过程示意图

PEM电解槽不需要电解液,只需要纯水,比AE更安全可靠,同时具有化学稳定性好、质子导电性高、气体分离性好等优点。由于PEM电解具有较高的质子导电性,可以工作在较大的电流下,提高了电解效率,目前PEM电解的效率可达85%以上。然而,由于在电极上使用铂等贵金属,PEM电解制氢仍难以大规模使用。为了进一步降低成本,目前PEM的研究重点是如何减少贵金属在电极中的使用。上海交通大学氢科学中心已研发出一种低铂高效催化剂,目前正在产业化过程中。

神奇的氢科学

不同于碱性水电解和PEM水电解，**高温固体氧化物水电解制氢（SOEC）**采用固体氧化物为电解质材料，工作温度为800～1 000℃，制氢过程电化学性能显著提升，效率更高，但该技术仍处于实验阶段。在电解反应过程中的阴极和阳极的反应如下式所示。

$$H_2O + 2e^- \rightarrow H_2 + O^{2-} \qquad (2-5)$$

$$O^{2-} \rightarrow \frac{1}{2}O_2 + 2e^- \qquad (2-6)$$

固体氧化物电解反应产生的余热还可用于汽轮机、制冷系统等，使总效率达到90%。但是由于在高温下工作，SOEC在材料和使用上也存在一些问题，因此现阶段固体氧化物电解的成本要比碱性水电解制氢的成本更高。

总之，在目前的电解制氢技术中，PEM水电解制氢技术更为先进，更具有发展潜力，但其成本较高，现阶段的主流技术还是碱性水电解制氢。未来随着PEM水电解制氢技术和固体氧化物电解技术逐步成熟，碱性水电解发展空间将缩小。

此外，地球上淡水量远远没有海水多，现阶段的技术都是利用淡水电解制氢。如果要把海水淡化再分解，然后再制氢，成本太高。如果可以直接利用海水制氢，实现咸水制氢，在催化剂、离子膜等几个关键材料问题上实现突破，那大海就变成"氢矿"了。

太阳能制氢

太阳直接关系着人类的生存——它带来光明和温暖，促进动植物生长，影响着大气运动，推动着地球的水循环，更不断地塑造和改变着地表的形态。因此，人类生产和生活的能源都直接或间接地来自太阳。

通过光照，太阳直接给予地球的能量究竟有多少呢？以我国为例，除了被大气层反射或吸收的太阳能，在一年中，仅直接照射到我国国土表面上的太阳能量就相当于 2×10^{12} t煤燃烧所释放出来的热量。可惜的是，这些能量并没有得到完全合理的使用。将太阳能充分地存储并运用起来是长久以来人类的梦想。

氢能在太阳能和用户之间可以起到桥梁的作用。太阳能是制氢途径最多的可再生能源。在该领域主要开展的研究工作有直接利用太阳能的热化学制氢、光催化制氢和光合作用生物制氢，以及间接利用太阳能的电解水制氢等。因为太阳能为可再生资源，此种方式制得的氢气称为绿氢。

直接利用太阳能分解水制氢是最具吸引力的制氢途径，其原理如图2-8所示。水是一种非常稳定的化合物。在标

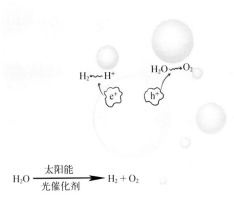

图2-8 太阳能光解水制氢示意

注：e^+，电子；h^+，空穴。

准状态下若要把1 mol水分解为氢气和氧气所需要的能量为237 kJ。使水光解需要往水中加入光敏剂，通过光敏剂吸收光能并传给水分子。1972年，日本科学家藤屿（Fujishima）和本多（Honda）在《科学》杂志上发表TiO$_2$电极上的光解水产氢的论文，说明光照TiO$_2$电极可以导致水分解从而产生氢气，该研究首次揭示了将太阳能直接转换为氢和氧的可能性。现在光电化学分解水制氢以及随后发展起来的光催化分解水制氢已成为全世界关注的热点。

氢气如何储存、运输和加注

一般而言，氢气生产厂和用户会有一定的距离，这就存在氢气储运的需求。氢能的储运是氢能产业链上的关键环节之一，也是目前氢能应用的主要技术障碍。大家知道，所有元素中氢的重量最轻，在标准状态下，氢气的密度为0.089 9 g/L，为水的密度的万分之一。在−252.7 ℃时，氢气可以变为液体，密度为70 g/L，仅为水的1/15，所以氢气很难高密度储存。

氢能工业要求储运氢系统具有高安全性、大容量、高储氢密度、低成本以及使用便捷性的特点。根据氢燃料电池驱动的电动汽车500 km续驶里程和汽车油箱的常用容量推算，储氢材料的储氢容量达到6.5%（质量分数）以上才能满足实际应用的要求。因此美国能源部（DOE）将储氢系统的目标定为质量密度为6.5 wt%和体积密度为62 kgH$_2$/m^3。

氢气的储存

目前,按照氢在储存时所处状态的不同,氢气储存可以分为气氢储存、液氢储存、固氢储存和有机液体储存。

气态储存

氢气可以像天然气一样用低压储存,使用巨大的水密封储罐。但由于氢气的密度太低,性价比不高,所以应用不多。

高压气态储氢是最普通和最直接的储氢方式,通过减压阀的调节就可以直接将氢气释放出来。目前,承压最大的是Ⅳ型轻质高压气态储氢瓶,承压为70 MPa,其材质从里到外依次是高密度聚合物内胆、碳纤维缠绕层以及玻璃纤维强化树脂层(见图2-9)。由于气瓶需要承受高压,阀门及原材料(比如碳纤维)均对性能要求比较高。目前只有美国和日本公司生产的储氢瓶可以达到承压70 MPa的水平,国内基础原材料和生产技术水平仍需要继续提高。

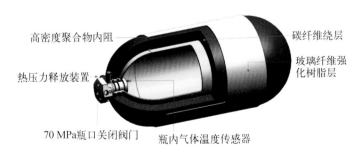

图2-9 Ⅳ型轻质高压气态储氢瓶模型

常用的15 MPa的氢气钢瓶,储氢质量比为1.2%。压力为70 MPa的氢气储罐,储氢质量比为5.5%。随着压力的增加,储罐的储氢量增加,但是,考虑到安全性的问题,一味增大储罐压力不是万能的办法,当压力增加到一定程度后,增加压力的收益大幅度减小,因此,还要考虑其他的储氢方法。

同时高压储氢还有一个缺点是能耗高,需要消耗别的能源形式来压缩气体。此外高压气态储氢存在泄漏和爆炸的安全隐患,因此安全性能有待提升。未来,高压气态储氢还需向轻量化、低成本、质量稳定的方向发展。

液化储存

液态氢气储存是一种深冷的氢气储存技术。需将氢气经过压缩后,深冷到21 K以下变为液氢,然后储存到特制的绝热真空容器中。常温、常压下,液氢的密度为气态氢的845倍,液氢的体积能量密度比压缩储存时高好几倍,这样,同一体积的储氢容器,其储氢质量大幅度提高。

液氢可以作为氢的储存状态,它是通过高压氢气绝热膨胀而生成的。液氢沸点仅为20.38 K,汽化潜热小,仅0.91 kJ/mol,因此液氢的温度与外界的温度存在巨大的传热温差,稍有热量从外界渗入容器,即可快速沸腾而汽化。短时间储存液氢的储槽通常是敞口的,允许有少量蒸发以保持低温。即使用真空绝热储槽,液氢也很难长时间储存。低温液氢储罐如图2-10所示。

值得注意的是,液氢在大型储罐中储存时都存在热分层问题,即储罐底部液体承受来自上部的压力而使沸点略高于上部,上部液氢由于少量挥发而始终保持极低温度。静置后,液体形成"下热上冷"的两层。上层因冷而密度大,蒸气压因而也低,底层因略热而密度小,蒸气压也高。显然这是一个不

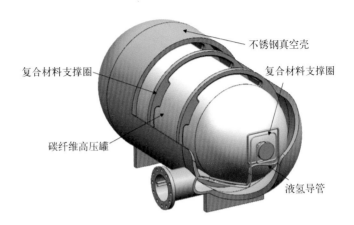

不锈钢真空壳

复合材料支撑圈

复合材料支撑圈

碳纤维高压罐

液氢导管

图2-10　低温液态储氢罐模型

稳定状态,稍有扰动,上下两层就会翻动,如略热而蒸气压较高的底层翻到上部,就会发生液氢爆沸,产生大体积氢气,使储罐爆破。为防止事故的发生,较大的储罐都备有缓慢的搅拌装置以阻止热分层。较小储罐则加入约1%(体积分数)的铝屑,加强上下的热传导。

液氢储存的最大问题是当不用氢气时,液氢不能长期保持。由于不可避免的漏热,总有液氢汽化,导致罐内压力增加,当压力增加到一定值时,必须启动安全阀排出氢气。目前,液氢的损失率达每天1%～2%。当将液氢车放在车库里,一月后再去开车,可能会发现储罐内空空如也,所以液氢不适合于间歇而长时间使用的场合。

金属氢化物储氢

金属氢化物储氢是指一种以金属与氢反应生成金属氢化物而将氢储存和固定的技术。氢可以跟许多金属或合金化合之后形成金属氢化物,它们在一定温度和压力下会大量吸收氢而生成金属氢化物。这类反应有很好的可逆性,适当升高温度和减小压力即可发生逆反应,释放出氢气。金属氢化物储氢自20世纪70年代起就受到重视。

一种金属或合金系统能否用于储存氢气,这需要根据许多因素来判断,如:金属氢化物系统本身的理化性质;材料的热力学与动力学性质;材料及制造成本;金属氢化物的使用可靠性、安全性与寿命等。金属氢化物的选用至少要考虑以下几点:

(1)储氢密度尽量要大。

(2)金属氢化物的化学稳定性要好。

(3)充氢或放氢反应时的反应热不要太大。

(4)金属氢化物转化反应的动力学性质要好。

(5)储氢金属的成本要低。

(6)储氢金属的使用寿命要长。

如表2-1所示,目前主要的固态储氢材料有AB_5型储氢合金、AB_2型储氢合金、AB型储氢合金、镁基储氢合金等。其中,镁基储氢合金的单位质量储氢密度和单位体积储氢密度均优势明显,它是固态储氢中的佼佼者。

另外,镁基氢化物还具备以下优势,吸引了众多的科学家致力于开发新型镁基储氢材料。

(1)资源丰富:我国是镁资源大国,镁的成本低,研发镁基固态储氢材料及其应用的技术优势明显、意义重大。

(2)氢的利用率高:镁基储氢材料吸放氢平台好,即镁基储氢材料所含的大部分氢均可在稳定的压力范围内放出,使得在使用中氢的利用率高。

表 2-1 常见体系固态储氢材料的特性

类型	AB$_5$型	AB$_2$型	AB型	镁基
典型代表	LaNi$_5$	ZrM$_2$, TiM$_2$	TiFe	Mg, Mg-Ni
质量储氢密度 /wt%	1.4	1.8 ~ 2.4	1.9	5.5 ~ 7.6
体积储氢密度 /(g/L)	103	100	111	约为110
活化性能	易活化	初期活化困难	活化困难	易活化
吸放氢性能	室温吸放氢	室温可吸放氢	室温吸放氢	高温吸放氢
循环稳定性	好	差	反复吸放氢后性能下降	一般
抗毒化性能	不易中毒	一般	抗杂质气体中毒能力差	较强
原料成本 /(元/kg)	相对较高 400 ~ 2 200	价格便宜 <100	价格便宜 < 100	价格便宜 40 ~ 120

（3）安全性高：镁基储氢材料在室温下呈固态，与合金类似，非常稳定，放氢一般需要较高的温度，常温常压储运安全性大大提高。

（4）释放氢气纯度高：镁基储氢材料具有选择性吸氢特性，释放的氢气纯度可高达5N级以上（99.999%）。

（5）循环寿命长：充放氢反应高度可逆，充放氢循环寿命长，目前实验室中可以实现3 000次以上的循环寿命。美国能源部对储氢材料在吸氢和脱氢的循环使用次数要求是至少1 500次。氢能源应用设备必须能够满足氢能源汽车行驶241 402 km的路程。

（6）储氢设施简便：可以方便地利用现有产业链上的储存和运输设备。

综上，镁基氢化物储氢密度高，充放氢循环寿命长，成本低廉，在氢能的应用中有着良好的应用前景。

目前，研发镁基固态储氢技术的研究重点是在改进镁及其合金吸放氢速度、温度、循环寿命等方面。经过长时间的摸索和研究，科学家们发现向镁（Mg）中加入一定质量分数的其他系列合金元素，比如镍（Ni）、铜（Cu）、镧（La）、铈（Ce）等，以及改变材料的微观结构会收到意想不到的效果。目前上海交通大学氢科学中心团队聚焦镁基固态储氢技术，研发了可循环3 000次充放氢的具有核壳结构的高容量镁基固态储氢材料［见图2-11（a）］以及高纯微纳氢化镁材料［见图2-11（b）］。高容量镁基固态储氢材料的充放氢操作是利用金属镁和氢气生产氢化镁（MgH$_2$）的可逆反应进行的。镁吸氢可变成氢化镁，然后在加热条件下即可分解释放出氢气，同时可重

图2-11　核壳结构的镁基固态储氢材料（a）及高纯微纳氢化镁材料（b）

新吸氢,循环利用。

$$Mg + H_2 \rightleftharpoons MgH_2 \qquad (2\text{-}7)$$

氢科学中心科研团队研发的储氢材料的动力学及热力学性能显著提高,储氢量为6.5 wt%,解决了产业化过程中的难点难题,实现了材料的低成本批量生产。高纯微纳氢化镁材料能量密度更高,这是因为区别于高容量镁基固态储氢材料的加热放氢和可循环特性,高纯微纳氢化镁是加水放氢,与含水介质反应即可放出氢气。反应时氢化镁(MgH_2)不但会放出自身所带的氢,还可以置换出水(H_2O)中的氢,使最终氢气的释放量加倍,材料的质量储氢密度可达15.2 wt%。高纯微纳氢化镁已经实现了年产3吨级的规模化生产。相关生产设备如图2-12所示。

图2-12　高纯微纳氢化镁材料生产线

有机化学储氢

有机液态氢化物储氢技术是借助某些烯烃、炔烃或芳香烃等储氢剂和氢气的一对可逆反应来实现加氢和脱氢的。从反应的可逆性和储氢量等角度来看，苯和甲苯是目前最理想的有机液体储氢剂，环己烷和甲基环己烷是较理想的有机液态氢载体。

有机液态氢化物可逆储放氢系统是一个封闭的循环系统，由储氢剂的加氢反应、氢载体的储存、运输和脱氢反应过程组成。氢气通过电解水或其他方法制备后，利用催化加氢装置，将氢储存在环己烷或甲基环己烷等氢载体中。由于氢载体在常温、常压下呈液体状态，其储存和运输简单易行。将氢载体输送到目的地后，再通过催化脱氢装置，在脱氢催化剂作用下，在膜反应器中发生脱氢反应，释放出被储存的氢能，供用户使用，储氢剂则经过冷却后储存、运输、循环再利用。

近年来，有机液态氢化物储氢技术虽然取得长足的进展，但仍然有不少有待解决的问题。脱氢效率低，有机液体氢载体的脱氢是一个强吸热、高度可逆的反应，要提高脱氢效率，必须升高反应温度或降低反应体系的压力。当前使用的催化剂问题较大，例如，脱氢催化剂 $Pt-Sn/Al_2O_3$ 易积炭失活、低温脱氢活性差。所以需要开发出新的低温高效、长寿命脱氢催化剂。

氢气的运输

按照运输氢时所处状态的不同，氢气的运输可以分为气氢输送、液氢输送和固氢输送。根据氢的输送距离、用氢要求及用户的分布情况，气氢可以用管网或通过储氢容器装载在车、船等运输工具上进行输送。管网输送一般适用于用量大的场合，而车、船运输则适合于用户数量比较分散的场合。液氢运输方法一般是采用车船输送。

液氢储罐车船运输

液氢生产厂至用户较远时，一般可以把液氢装在专用低温绝热槽罐内，放在卡车、机车或船舶上运输。

利用低温铁路槽车长距离运输液氢是一种既能满足较大的输氢量又比较快速、经济的运氢方法。这种铁路槽车常用水平放置的圆筒形低温绝热槽罐，其储存液氢的容量可以达到 100 m^3。特殊大容量的铁路槽车甚至可运输 $120 \sim 200 \text{ m}^3$ 的液氢。图2-13所示为液氢低温汽车槽罐车。在美国，美国航空航天局（NASA）还建造有输送液氢用的大型驳船。驳船上装载有容量很大的储存液氢的容器。这种驳船可以把液氢通过海路从路易斯安那州运送到佛罗里达州的肯尼迪空

图2-13　北京特种工程研究院的45 m³液氢储槽车

神奇的氢科学

间发射中心。驳船上的低温绝热罐的液氢储存容量可达到
1 000 m³左右。显然,这种大容量液氢的海上运输要比陆上的
铁路或高速公路上运输来得经济,同时也更加安全。

压力容器车船运输

常用的氢气储罐有高压氢气集装格(或叫组架)、集装管束
(俗称鱼雷车,见图2-14)。集装格储存量约为96 m³;集装管束
储存量大概为4 200 m³/车。目前国际上生产大容积无缝压力容
器的工厂只有四家:德国曼内斯曼、美国CPI、意大利Dalmine和
韩国NK,其中CPI、Dalmine、NK公司已取得了进入中国的许可
证。无缝压力容器按使用条件分为两种:一种是装在高压气体
长管拖车上用于运输高压氢气、氦气、天然气和其他工业气体;
另一种是组装在框架内,安装在地面上用于储存多种高压气体。

在技术上,这种压力容器运输方法已经相当成熟。但是,
由于常规的高压储氢容器的本身重量很大,而氢气的密度又
很小,所以装运的氢气重量只占总运输重量的1% ~ 2%。它

图2-14　高压氢气鱼雷车

只适用于将制氢厂的氢气输送给距离并不太远而同时氢气需求量又不很大的用户。

管道运输

低压氢气的管道运输对于大规模长距离的氢气输送来说是最为方便合适的,该运输方式在欧洲和美国已有70多年的历史。1938年,位于德国莱茵-鲁尔工业区的HULL化工厂建立了世界上第一条输氢管道,全长208 km。目前,全球用于输送工业氢气的管道总长已超过1 000 km,使用的输氢管线一般为钢管,操作压力一般为1 ~ 3 MPa,直径为0.25 ~ 0.30 m,输气量为310 ~ 8 900 kg/h,其中德国拥有管线208 km,法国空气液化公司在比利时、法国、新西兰拥有管线880 km,美国使用的管线也已达到720 km。据中石化新闻网的报道,巴陵石化目前正在建设国内最长的巴陵-长岭氢气管线,全长42 km,设计管径为400 mm,输送能力为10^5 m³/h。目前,输送天然气的管网已经非常发达。在世界管道总长中,天然气管道长度约占一半。而相比之下输送氢气的管道数量还非常少。于是有人提出能否利用目前的天然气管道来输送氢气,如果能,则对氢能的发展大有好处。

天然气管道输送氢气的经济性和可行性怎么样呢?以美国为例,比较氢气管道和天然气管道。在管线长度方面,美国现有氢气管道720 km,而天然气管道却有2.1×10^6 km,两者相差将近3 000倍;在管道造价方面,美国氢气管道的造价为每千米31 ~ 94万美元,而天然气管道的造价仅为每千米12.5 ~ 50万美元,氢气管道的造价是天然气管道造价的2倍多;在输气成本方面,由于气体在管道中输送能量的大小取决

神奇的氢科学

于输送气体的体积和流速,氢气在管道中的流速大约是天然气的2.8倍,但是同体积氢气的能量密度仅为天然气的1/3,因此用同一管道输送相同能量的氢气和天然气,用于压送氢气的泵站压缩机功率要比压送天然气的压缩机功率大很多,导致氢气的输送成本比天然气输送成本高。

目前还有一种储运氢的新方向是利用现有的天然气管道,将氢气加压后输入,使氢气与天然气混合输送;在用氢端,从管道提取天然气/氢气混合气,进行重整制氢。质子交换膜水电解制氢(PEM)的产氢压力通常大于3.5 MPa,因而很容易提升至4 MPa,故PEM电解生产的氢气无需额外的加压过程即可直接注入天然气管网。德国和法国已经通过实例验证了电解制氢注入天然气气体管网的技术可行性。

利用天然气管道输送氢气时,不管是纯氢运输还是氢/天然气混合气运输。除了考虑供应能力之外,还要考虑材料方面的问题,例如如何利用已经建好的压缩系统和减压系统,解决材料的氢脆问题和渗透泄露问题等。

固氢运输

高压气态储氢密度低、安全性差,低温液态储氢则能耗高、易挥发。相比物理储氢方式,将氢以化合态固化于储氢材料中的固态储氢技术具有储氢密度大、能源效率高及操作安全等优势,其发展前景最被看好。以镁基固态储氢材料为基础的镁基固态储氢车以其性价比高、重量轻、储氢量大、可重复使用、性能安全可靠、可以超长距离超大容量和超长时间储运的优良性能,来实现储运氢装置的轻量化、大容量设计,将前端制氢装置产出的氢气储存起来,并经过放氢过程后,通过增压系统,为后端加注装置以及氢燃料电池提供稳定可靠的氢气需求。

上海交通大学氢科学中心研究团队基于前文提到的镁基固体储氢材料,已研发了镁基固态原型车,并于2023年05月29日在上海交通大学亮相(如图2-15所示),采用常温常压运输模式,材料的储氢密度可达6.5 wt%,可实现3 000次充放氢循环无明显衰减,单车储运量可达1.2吨以上,是普通高压管束车的将近3倍。我们相信将来有望代替现有长管拖车来进行面向加氢站或已有工业客户的氢气运输,大幅降低氢气的储运成本,推动氢能产业的发展。

图2-15　镁基固态储氢车亮相交大

氢气的加注

加氢站,顾名思义,就是为氢燃料电池汽车充装氢燃料的专门场所。加氢站是氢能源产业上游制氢和下游用户的联系枢纽,是产业链的核心。传统燃油车通过燃烧汽油提供动能,因此需要加油站进行汽油补给,而氢燃料电池汽车通过氢燃料电池系统将氢能转化为动能,故而需要加氢站进行氢气补给(见图2-16),加氢站对于氢燃料电池汽车的作用就像加油站对于传统燃油车一样。

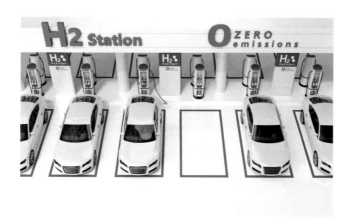

图2-16　加氢站加氢示意图

　　加氢站给燃料电池车加注氢气的过程和加油站给汽车加油的过程类似,都是通过加注枪将加氢站和汽车连接起来,通过压力,将氢气注入氢燃料电池汽车的储氢罐中。整个加氢过程安全快速,一般只要3～5分钟即可加满燃料电池汽车的储氢罐。

　　目前的加氢站主要是高压压缩氢气加氢站,其组成主要包括氢源、纯化系统、压缩系统、储氢系统、加注系统、安全及控制系统。通常,经过纯化的氢气通过压缩系统,然后储存在站内的储存系统(高压储罐),再通过氢气加注系统为燃料电池汽车加注氢气。加氢站的主要设备有卸气柜、压缩机、储氢罐、加氢机、管道、控制系统、氮气吹扫装置以及安全监控装置等,其主要的核心设备是压缩机、储氢罐和加氢机。

现有加氢站技术来源于天然气加气站,有两种建设方式,分别是站内制氢供氢加氢站技术与外供氢加氢站技术。

站内制氢加氢站技术来源于天然气管网标准加气站原理,即加氢站内有制氢设备(产生氢气)和加气站设备的组合。外供氢加氢站技术来源于天然气母站和子站原理,即从外面工厂(相当于母站提供气源)经加氢站(子站)二次加压完成对外加气。我国当前正在运营的加氢站有一百多座,其氢气的主要来源为外部供氢,使用氢气长管拖车往返加氢站与氢源之间。

根据土建方式不同,加氢站还可分为移动撬装式加氢站和固定式加氢站。移动式加氢站是指压缩机等加氢站设备集成安装在整体底座上,占地面积小、安装工作量小、便于移动。固定式加氢站与普通加氢站形式类似,但加氢站设备需要在现场安装固定,占地面积大、加氢噪声小,但不宜移动和拆除。我国早期以撬装式加氢站为主,现在逐渐发展成以固定式加氢站为主。近年来中石化、中石油加入氢能网络建设,将原有加油站改建成为油氢混合站。2019年新建成佛山樟坑、上海西、上海安智等油氢混合站,提供了传统能源供给企业利用原有能源补给氢源加氢网络建设的可行性方案。油氢混合加氢站、油气氢电综合供能站都是未来的发展趋势,将为车辆能源供给提供多样化合理方案。

2021年12月29日,国内首个满足加氢站国标要求和防爆认证的70 MPa一体式移动加氢站正式交付使用(见图2-17)。该加氢站由国家能源集团国华投资(氢能公司)自主研发,在河北万全油氢电综合能源站投用,并为2022年冬奥氢燃料电池车提供绿色动能。一体式移动加氢站设备集成70 MPa单枪加氢机、液驱式压缩机和防爆冷却等附属设备于一体,是目前我国研发的最高压力等级移动加氢站,体现了国家能源集团氢能科技研发的行业领先水平。

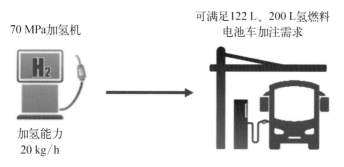

70 MPa加氢机

加氢能力
20 kg/h

可满足122 L、200 L氢燃料
电池车加注需求

图2-17　2022年冬奥会一体式移动加氢站的加氢能力

目前,我国正处于加氢站建设与商用燃料电池车示范推广的良性循环时期,为我国大范围推广燃料电池车积累了宝贵经验。

氢用向何处

航空航天——液氢

氢作为航天动力燃料的历史可追溯到1960年,当时液氢首次成为太空火箭的燃料。到20世纪70年代,美国发射的"阿波罗"登月飞船使用的起飞火料也是液态氢。氢可以作为普通火箭的燃料使用,日本的下一代主火箭H-1、H-2型的第二级也将采用液氢做燃料。

氢氧火箭中使用的发动机是以液氢和液氧作为燃料的。深冷的液氢和液氧以接近1：5到1：8的配合比利用高压泵打入火箭发动机的燃烧室,在几个大气压的压力下进行燃烧。燃烧所产生的高温蒸汽(温度为3 000～4 000 K)以超音速速度通过拉伐尔喷管,产生巨大的推力,从而推动火箭或航天飞机进入太空(见图2-18)。

神奇的氢科学

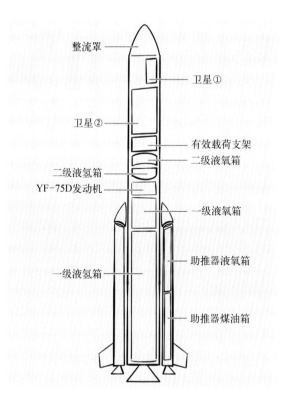

图2-18　液氢助力火箭上天

用液氢作为火箭发动机的燃料有很多优点,特别是当它和氧相配合进行燃烧时。氢氧反应所释放的燃烧热大,燃烧产物的排气温度高。液氢和液氧都是低温液体,且液氢本身的比热又很高,故它可同时用作火箭高温部件和发动机推力室等的冷却剂。另外,氢氧燃料系统的产物只有水,不含碳化物、氮化物和硫化物等污染物。正是因为液氢具有这些优点,所以它在宇航事业中获得了广泛的应用。

对于航天飞机来说,减轻燃料自重、增加有效载荷非常重要,而氢的能量密度很高:每千克氢为18 kW,是普通汽油的3倍,也就是说,只要用1/3重量的氢燃料,就可以代替汽油燃料,这对航天飞机无疑是极为有利的。以氢作为发动机的推进剂、以氧作为氧化剂组成化学燃料,把液氢装在外部推进剂桶内,每次发射需用1 450 m³(约100 t)的液氢,这就能够节省2/3的起飞重量,从而也就满足了航天飞机起飞时所必需的基本燃料的需求了。2008年2月6日,英国一家喷气发动机生产商公布了一款名为A2的新型超音速客机的模型(见图2-19)。

A2客机是一款"绿色"飞机——由于使用液氢作为燃料,在飞行中不会产生温室气体。按照A2新型超音速客机的设计,这种客机的时速可以达到音速的5倍。

图2-19 A2超音速飞机

交通工具——氢能源汽车

运输用的车辆和船舶都是以常规的碳氢液体燃料或煤作为能源,绝大多数的车用发动机都采用如汽油机或柴油机的活塞式内燃机。随着石油资源的耗竭,发动机使用何种更替燃料逐渐成为一个不得不面对的突出的问题。由于氢具有许多优越的特性,如资源上、环保上以及燃烧效率上的优越性,人们开始尝试在车辆上进行氢气试用。

氢作为车用能源一般有两种转化方式,以质子交换方式的车用燃料电池发动机和以现有车用内燃机为基础的燃烧氢的车用发动机。氢内燃机汽车和氢燃料电池汽车的对比如图2-20所示。

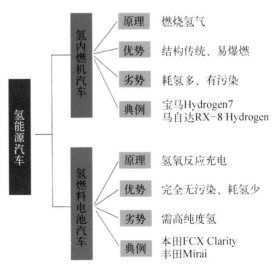

图2-20　氢内燃机汽车和氢燃料电池汽车的区别

氢气内燃机是将氢气与其他气体混合后,直接输入气缸内部的高压燃烧室燃烧爆发以产生动力的发动机。跟普通燃油发动机一样,氢气内燃机有吸力、压缩、做工及排气四个冲程。氢气作为燃料,氧气(纯氧成本高,一般用空气代替)是助燃剂。所以和其他燃料内燃机一样,氢气内燃机需要燃料储存装置——储氢罐,也需要空气进气系统。两者混合后点火燃烧,燃烧后产生的热量进行压缩做功驱动车辆运行。

和其他燃料内燃机类似,现在主流氢气内燃机的基本效率在30% ～ 40%,受热力学第二定律——卡诺循环的限制(理论上限大概是60%,如果高温热源和低温热源的温度确定之后卡诺循环的效率是在它们之间工作的一切热机的最高效率界限)。结构上只需对传统内燃机做一些修改再加一个氢气储罐就可作为氢气内燃机使用,由于是燃烧反应,理论上不需要高纯氢气,不存在碳排放,但实际燃烧过程中空气中有氮气等其他物质,故燃烧过程会生成一些氮氧化物。

相比之下,氢燃料电池是一种将氢气和氧气通过电化学反应直接转化为电能的发电装置,其过程不涉及燃烧,无机械损耗,能量转化率高,产物仅为电、热和水。如图2-21所示,在质子交换膜燃料电池中,氢气通过管道或导气板到达阳极,在阳极板催化剂作用下,氢分子解离为氢离子,并释放出电子;在电池的另一端,氧气(或空气)通过导管或者导气板到达阴极,在阴极催化剂的作用下,氧分子和透过质子交换膜的氢离子与通过外电路到达阴极的电子发生反应生成水;电子在外电路形成直流电。

由于这种反应过程唯一的生成物是水,从而避免了火力

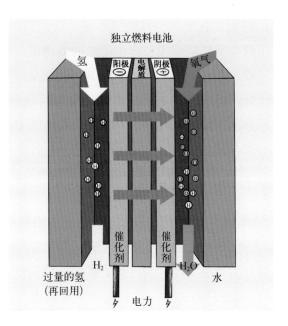

图2-21　氢燃料电池的结构及工作原理

发电站产生大量二氧化碳和二氧化硫等有害气体污染环境。这类反应也不像原子能发电站那样,必须处理带有放射性的核废料。燃料电池的效率受到吉布斯自由能的限制,实际应用效率在40%～62%之间。吉布斯自由能系统效率通常高于卡诺循环系统效率,燃料电池的效率要高于氢内燃机。目前,氢能源车大多是氢燃料电池发动机。

　　燃料电池实际是一个大的发电系统,它需要有燃料供应系统、氧化剂系统、发电系统、水管理系统、热管理系统以及电力系统和控制系统组成。

　　燃料供应系统是给燃料电池提供氢气燃料。这一系统如果直接采用氢气的话可能比较简单,如果用化石燃料重整制

神奇的氢科学

取氢气的话会复杂一些。

氧化剂系统主要是给燃料电池提供氧气,可以是直接使用纯氧,也可能是利用空气中的氧。

发电系统是指燃料电池本身。它将燃料和氧化剂中的化学能直接变成电能,而不需要经过燃烧的过程,它是一个电化学装置。

水管理系统:由于质子交换膜燃料电池中质子是以水合离子状态进行传导,所以燃料电池需要有水,水少了,会影响电解质膜的质子传导特性,从而影响电池的性能。

由于在燃料电池的阴极生成水,所以需要不断及时地将这些水带走,否则会将电极"淹死",也造成燃料电池失效。可见水的管理在燃料电池中至关重要。

热管理系统:对于大功率燃料电池而言,在其发电的同时,由于电池内阻的存在,不可避免地会产生热量,通常产生的热与其发电量相当。而燃料电池的工作温度是有一定限制的,如对质子交换膜燃料电池而言,温度应控制在80 ℃,因此需要及时将电池生成热带走,否则就会发生过热,烧坏电解质膜。通常采用水和空气作为传热介质。当然这一系统中必须包括泵(或风机)、流量计、阀门等。

电力系统:指将燃料电池发出的直流电变为适合用户使用的电,如交流220 V,50 Hz等。

控制系统:是能及时监测和调节燃料电池工况的远距离数据传输系统。

安全系统:由于氢是燃料电池的主要燃料。氢的安全十分重要,由氢气探测器、数据处理系统以及灭火设备等构成氢的安全系统。

　　当然,由于燃料电池的多样性,且用户对象不同,燃料电池的部分系统可能被简化或者取消,例如微型燃料电池就不会再有独立的控制系统、安全系统。

　　约150年前,法国科幻作家凡尔纳曾经预言,有朝一日人类会出现以氢为动力能源的燃料电池汽车。如今,这个预言已变成现实。氢燃料电池由于成本高,最初仅应用于航天领域。随着电池成本的不断降低,现在氢燃料电池已经广泛应用于陆上交通(各种汽车货车)、水上交通(船舶)、空中交通(飞机,飞行器)和小型发电设备等多个领域。2003年,第一架完全由氢燃料电池驱动的螺旋桨飞机试飞。波音公司和欧洲的合作伙伴则在2008年2月成功试飞了一架有人驾驶的氢燃料电池飞机,这架飞机除氢燃料电池外,还配有少量的锂离子电池。由氢燃料电池作为燃料的无人机已有多次飞行验证。2009年,美国海军研究实验室的Ion Tiger使用氢燃料电池的无人机飞行了23小时17分钟。2011年,有报道称美国波音公司已完成一款名为Phanton Eye(幻影眼)(见图2-22)的高空氢动力无人机的试飞。该款无人机的飞行高度可达2 000 m,连续飞行时间长达4天。

　　总之,氢燃料电池汽车(见图2-23)相较于传统的燃油车,具有零碳排放、零污染物排放、极优的起步加速和驾驶体验的特性。同时,氢燃料电池车相较于纯电动车,又具有续航里程长、燃料加注时间短、温度适用范围广,且可作为应急备用电源用的优点。一般的氢燃料电池乘用车,加氢时间只需3 ~ 5分钟,即可实现续航里程500 km以上。

图2-22　波音公司的"幻影眼"（Phantom Eye）高空氢动力无人机

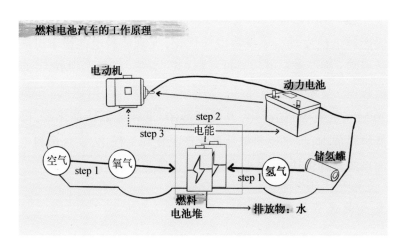

图2-23　氢燃料电池汽车的工作原理

围绕燃料电池汽车，以后需要在以下几个关键方面着力攻关：

（1）高功率密度电堆用的低铂催化剂、高性能及耐受性的质子交换膜、碳纸、高可靠性及低铂担量的膜电极组件、高性能及高可靠性的双极板等关键材料批量生产能力建设和质量控制技术研究，并形成批量生产能力。

（2）燃料电池堆系统可靠性提升和工程化水平的研究。提高催化剂及其载体的抗氧化能力，质子膜的机械和化学稳定性；改进燃料电池材料制备工艺和质量控制，提高电堆设计水平；验证电堆运行寿命，解决车辆运行条件下的电堆均一性问题；结合车辆动态运行特征，对系统级运行与操作条件做匹配优化；实现系统级寿命验证与参数表征，提高产品级寿命；提高系统零部件的可靠性，开展系统可靠性分析与设计改进。

（3）燃料电池汽车整车可靠性提升和成本控制技术。开展燃料电池发动机系统集成与优化，实现燃料电池整车可靠性提高；推动燃料电池关键材料（膜、炭纸、催化剂、MEA、双极板等）及系统关键部件（空压机、膜增湿器、电磁阀、车载70 MPa氢瓶等）国产化，开发超低铂、非铂或低铂催化剂，降低材料成本，促进燃料电池系统产品化和工程化，实现燃料电池系统设计模块化，并改进生产制造工艺。

氢气是优秀的能源载体

随着碳基能源的不断消耗以及全球日益严重的温室效应，近年来我国在可再生能源上下了大功夫，比如海洋、风电、光伏电池、水电、生物质能源等，在核电领域我们发展也很快。

　　仅仅风电和光伏电池两个方向，我国目前已经建成了几乎全世界一半的装机容量。中国每个小时有两千个太阳板在建设安装，每个小时有两个风机在建设，速度很快。但是弃风、弃水、弃光的现象很严重，为什么呢？可再生能源风电、光电是间歇性的能源，不稳定，电网消纳困难，所以很多地方建了风电、光伏但没有全部利用，我们大概每年有1 000亿度电是弃掉了的。另外，同样道理还有海上风电，现在沿海离岸30 km，可以开发2×10^{12} kW规模的海上风电；"双一百"也就是离岸100 km，水深100 m的时候，可以发电5×10^8 kW。但都面临储运的问题。

　　不论是风电、光伏、水电站、海水、核电站等，都可以通过氢气来储存。其制得的氢气可以直接运送到加氢站或者化工厂使用，或者储存起来调节电网负荷，当电力输出不足时将储存好的氢能利用氢燃料电池或氢燃气轮机发电至电网系统供电。

　　氢气作为这些可再生能源的载体，在这些可再生能源和电能之间建立起了一座储运的桥梁，既促进了可再生资源的大规模消纳，有效利用了可再生能源，又调节了电力系统的平衡，还有利于构建多能互补的智慧能源体系。

氢进万家

　　氢能在日常生产生活中具有广泛的用途。氢气在氧气中燃烧放出大量的热，其火焰-氢氧焰的温度高达3 000 ℃，可用来焊接或切割金属。

　　氢能在民用生活中也具有广泛的应用。除了在汽车行业外,燃料电池发电系统在民用方面的应用主要有氢能发电、氢介质储能与输送,以及氢能空调、氢能冰箱等,有的已经得到实际应用,有的正在研发,有的则尚在探索中。

目前,美国、日本和德国已经有少量的家庭用质子交换膜燃料电池提供电能。居民家庭应用的燃料电池一般都在50 kW以下,目前的燃料电池技术完全能够满足居民家庭能源供给的需要。氢能进入家庭后,可以作为取暖的燃料。

这主要是因为氢能的热值远高于其他材料。它燃烧后可以放出更多的热,是理想的供热材料。寒冷的冬天来了之后,我国各地,特别是北方,基本都依靠燃烧煤炭来供暖。大规模燃烧煤炭会造成空气中的二氧化硫含量骤增,导致环境污染,危害人体健康。此外,二氧化硫与水结合还可能形成酸雨。使用氢能取暖后,氢气燃烧的产物只有水,是清洁燃料,因而人们就可以摆脱二氧化硫对大气的污染。用氢能取暖会起到保护环境的作用。

氢能除了能用于家庭取暖外,也可以用来做饭。目前城市居民主要用天然气做饭,虽说天然气是一种较好的能源,但是天然气的主要成分是甲烷,甲烷燃烧后也会生成温室气体二氧化碳。而使用氢气作为燃料,就能减少温室气体的排放量。也可以在天然气掺氢,这样操作,即使很少的氢也可以放出很大的热能。

氢气在制取、燃烧、处理等多个环节都不会对环境产生影响,因此是真正的清洁燃料。氢能进入家庭后,还可以解决生活污水的处理问题。我们洗衣服、洗手时产生的废水经过对某些离子的处理,也可以作为制氢气的原料。这样不仅节约了水资源,也可以减少这些水排出后造成的污染。将来人们可以完全在家中制取氢气:人们只需要打开自来水开关,水流通过专门的机器,分解后就可以制成氢气。人们可以随时使用到清洁的氢能。

氢能、氢弹、太阳能

氢弹是核武器的一种,是利用原子弹爆炸的能量点燃氢的同位素氘和氚等氢原子核的聚变反应瞬时释放出巨大能量的核武器(见图2-24),氢弹又称为聚变弹、热核弹及热核武器。有人可能会有疑问,那氢气瓶会不会是一个小型的氢弹?答案是否定的。氢弹的原理是氢的同位素氘和氚原子的核聚变反应,而氢气燃烧的原理是氢气和氧气的化学反应,两者能量差距一万倍,可谓霄壤之别。两者的不同点如表2-2所示。

图2-24 氢弹

表 2-2　常见的氢能和氢弹的区别

	氢　能	氢　弹
反应原理	在较低温度下氢气和氧化剂的氧化还原化学反应	氢的同位素氘和氚原子的核聚变反应
反应原材料	常见易得：氢气和氧化剂	特殊制备：氘和氚
反应条件	相对温和：燃烧或低温催化（<100℃）	苛刻：极高的温度（>4 000×10^4 ℃）以及足够大的碰撞概率
反应产物	无元素变化：含氢的化合物	元素变化：氦
杀伤破坏效应	冲击波，放出的能量是氢弹的万分之一	光辐射、冲击波、早期核辐射、核电磁脉冲、放射性沾染，爆炸相当于释放几千万吨级的TNT当量

　　我们赖以生存的太阳，也是利用氢的热核反应原理释放能量。在第1章，我们提到太阳是一个熊熊燃烧的氢球，它无时无刻不在发生氢核聚变发光发热。太阳所放出的光和热之所以经久不衰，就是这种高温热核反应的结果。其中，大部分放出的能量散射到广阔无垠的宇宙空间中。只有很小的一部分能量射到地球上，为地球所吸收、利用，成为地球上万物生长和转化的能源。今天我们日常正在使用的煤炭、石油等化石能源，是千百万年以前的动物和植物的残骸演变而来的，追根溯源，也是来自千百万年以前的太阳中氢的热核反应。

　　说到这里，可能有人疑问：那为什么太阳没有像氢弹一样爆炸，而是一直存在呢？不同于氢弹的是，太阳内部还有"自控"机制，一轮聚变后，太阳的温度升高，驱动全是气体的星体膨胀，这就反过来导致太阳的温度压强降低，从而降低了聚变速率，这样能量就不会瞬时释放，导致毁灭性的爆发。太阳没有一次性把自己炸完，而是持续"可控"地释放能量，这才给地球生物进化繁衍提供了机会。

目前氢弹还是作为武器使用，我们还无法控制好氢热核反应能量的释放，如果有一天我们能找到像太阳一样可以随着反应的进行扩大或缩小体积，从而调控反应体系内的温度和压力的容器，实现氢的热核反应能量的可控释放，那在很长一段时间内我们就不再需要担心能源耗竭的问题了，毕竟氢原子在宇宙中可谓是取之不尽的。

氢弹的威力实在太大了，那我们常说的原子弹跟它比如何呢。氢弹的杀伤破坏因素（光辐射、冲击波、早期核辐射、核电磁脉冲、放射性沾染）与原子弹相同，但威力比原子弹大得多（见图2-25）。原子弹的威力通常为几百至几万吨级TNT当量。而氢弹的威力则可大至几千万吨级TNT当量。

言归正传，目前氢弹在我们日常生活中还是比较罕见的，全世界也只有少数几个国家掌握氢弹技术。人们更加关心的是通过氢气与其他氧化剂的氧化还原反应产生的氢能，未来可能安全地走入我们的生活吗？

氢能作为燃料总是有一定的危险性。任何燃料都具有能量，都隐藏着着火和爆炸的危险，比如火药、雷管、地雷、甲烷、丙烷和汽油等。其实，如果把氢和汽油相比，它在许多方面并不比汽油更加危险。首先氢气燃烧后产生的气体无毒。汽油燃烧会产生一氧化碳和二氧化碳，浓度过大会使人晕倒，而氢

原子弹/氢弹爆炸过程的链式反应

原子弹 压缩钚和铀核心令其核子分裂，在裂变过程中释放出庞大能量，一般当量为1至50万吨黄色炸药

氢弹 利用原子弹裂变触发第二阶段核聚变，释放出更庞大的能量，一般当量为5万至5 000万吨黄色炸药

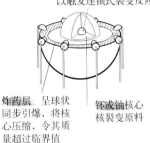

中子源 撞击钚或铀核心以触发连锁式裂变反应

炸药层 呈球状同步引爆，将核心压缩，令其质量超过临界值

钚或铀核心 核裂变原料

小型原子弹
聚苯乙烯泡沫

X光辐射

氘同位素聚变燃料
铀外壳

①小型原子弹内爆炸后产生X光辐射
②X光辐射在弹壳内反射，将表面的聚苯乙烯泡沫加热
③泡沫变成等离子浆，压缩聚变燃料，触发核聚变

图2-25 原子弹和氢弹的区别

气不存在这个问题。其次，在燃料的爆炸性方面，氢的扩散速度是汽油的12倍，它能很快扩散开，可能一下子产生一股大火，但是它不会引起其他更加严重的后果。曾经有科学家做过在汽油和氢燃料汽车分别陷入燃料着火的条件下的实验，发现氢燃料汽车，氢燃烧后冒一股火上去，扩散很快；而汽油车没有办法，它只有燃烧，汽油来不及扩散。实验结果是汽油车全都烧得只剩骨架了，而氢燃料汽车没有出现任何其他危险。

我们以前也用氢，大家也接触过氢，把氢作为还原剂的时候，用量小，没有安全威胁。但是现在要把氢作为能源，大量地应用，进入老百姓生活中，大家就害怕了。打消大家的顾虑，一方面要规范氢气的使用，另一方面要加大科普宣传。

氢系统的建立就是要制定绝对安全的氢的运行规则。就像19世纪我们用氧一样，开始觉得是很危险的，但当所有的规

则定好以后，甚至晚上你枕一个氧气枕头，心里也不紧张。氢也是近几年才得到大家普遍公认的一个大能源，需要制订制氢、储氢、运氢、加氢全方位的使用规则，只要按照整个用氢规则来就没有危险了。

氢能的新时代

近年来，国内政策、资本纷纷赋能各地氢能产业，在"双碳"战略的持续推动下，政策多点开花，企业加大投入，与各大高校强强联合，从上游制氢，中游储运氢，下游应用氢等各环节关键技术持续突破，氢能产业发展正在进入新的历史时期。相信不远的将来，人类将进入氢能新时代（见图2-26）。

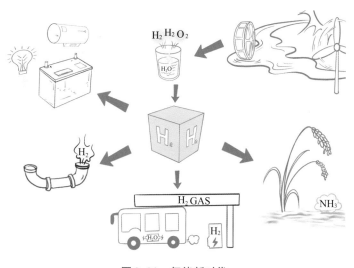

图2-26　氢能新时代

可再生能源制氢产业化

如果用煤、石油和天然气等燃烧所产生的热转换成的电来分解水制氢,那显然是划不来的。现在看来,高效率制氢的基本途径,是利用太阳能。如果能用太阳能来制氢,那就等于把无穷无尽的、分散的太阳能转变成了高度集中的干净能源,其意义十分重大。利用太阳能制氢有重大的现实意义,但这却是一个十分困难的研究课题,有大量的理论问题和工程技术问题要解决。然而世界各国都十分重视该课题,投入不少的人力、财力、物力,并且也已取得了多方面的进展,终极目标是实现可再生能源制氢的愿景,如图2-27所示。因此在以后,利用太阳能制得的氢能,将成为人类普遍使用的一种优质、干净的燃料。

图2-27   可再生能源制氢愿景

大规模输氢方式将有突破

氢气储运及使用过程中需要注意的问题主要是指安全问

题。氢虽然有很好的可运输性,但不论是气态氢还是液态氢,它们在使用过程中都存在着一些问题。氢独特的物理性质,如更宽的着火范围、更低的着火点、更容易泄漏、更高的火焰传播速度及更容易爆炸等,使其在使用和储运中安全与否成为一个不可忽视的问题。镁基固态储氢技术的发展,使氢气的储运安全系数大大提高,固态储氢将成为未来主流的储氢方式。

氢能改变人类生活

民居用氢更普遍。2050年80%的民居将采用氢气代替天然气做饭,氢气管道更普遍,如同今天的煤气管道。预计届时有4亿家庭使用氢气做饭、取暖和分布式发电。每户每月用氢气200 m^3,折合每年0.25 t。全国民居年需 1×10^8 t氢气。

分布式电站,将提供全国40%的电力,改变大电网一统天下的局面。在煤的清洁利用中,首先将煤气化为一氧化碳和氢气的合成气。进一步利用转化反应,生成二氧化碳和氢气,将二氧化碳捕获、利用,氢气用于大规模发电。

无碳炼钢,用氢气代替焦炭。2050年,取消焦炭炼铁工艺,氢气全部代替焦炭用于钢铁工业。上述工业估计年需氢气大于 1×10^9 t。

大规模氢气的利用,还会部分解决淡水资源紧张的问题。因为利用海水制成氢气和氧气,在氢气使用过程中,生成水是淡水。2050年全国消耗氢气 1.5×10^9 t,产生淡水 1.35×10^{10} t,足够上亿人生活了。

氢能是一种极为优越的新能源,在21世纪的世界能源舞台上必将发挥着举足轻重的作用。氢气将取代化石燃料成为人类未来的主要能源之一。我们有理由相信,人类社会告别化石燃料时代的时间不会太久,基于可再生清洁能源生产和使用技术之上的可持续发展之路,将是一条光明大道。

第 3 章

氢医学：变革性慢性病防治手段

20世纪中期，诺尔登瑙还是一个仅有几百户人口的小村庄，它位于德国西北部大都市杜塞耳多夫东侧。在村子里有一处废弃的矿坑，主人是当地的一个房地产开发商，叫赛奥得·托马斯。矿坑内有一处长约30 m的坑道，从很久以前开始，就不断地有水从坑道的岩壁上涌出，日久天长，坑道中充满了清澈的水，在矿窟中就形成了泉（见图3-1）。

图3-1　诺尔登瑙洞窟

1986年4月，在切尔诺贝利核电站发生严重的核泄漏事故，近30万人遭受到严重的核辐射，并引发了无数的后遗症。1992年，赛奥得·托马斯把在切尔诺贝利核电站事件中罹患严重白血病的几十名儿童接到此处，邀请他们在这里度过人生中最后的时光，因为在当时，核辐射几乎是无法治疗的绝症，医生都已经放弃他们了。然而，意想不到的奇迹出现了，每天呼吸着矿洞里的空气并饮用矿洞里的泉水，孩子们的病情出现了明显的改善，严重的症状逐渐缓解，直到现在，他们全部都还活着。正是由于这个矿坑神奇的医疗作用，诺尔登瑙洞窟变得越来越有名气。

　　2006年，在日本动物细胞技术学会的第十五届学术会议上，来自德国和日本学者合作发表了他们关于德国诺尔登瑙洞窟水对Ⅱ型糖尿病患者治疗效果的研究报告。在该研究中，研究者观察了总计411例Ⅱ型糖尿病患者，受试者平均年龄为71岁，每天饮用诺尔登瑙洞窟内水2 L，平均饮用时长为6天。对比饮用泉水前后病患体内血糖、血脂和肌苷等指标，研究者发现，饮用该泉水对糖尿病有比较理想的治疗效果。医学界把诺尔登瑙洞窟水治疗疾病称为"诺尔登瑙现象"。

　　经过科学家的不断研究和检测发现，诺尔登瑙洞窟中的泉水与普通泉水最大的区别在于该泉水中含有非常丰富的氢分子，也就是说氢气或许就是德国诺尔登瑙奇迹水的根本原因，因此发现了氢气具有治疗疾病的可能性。自此，越来越多的科学家和医学家将对氢气的研究重点放在氢气对疾病的治疗作用上，他们也得到了一个又一个的让人欢欣鼓舞的研究成果。

氢医学的前世今生

学术界对氢气治疗疾病作用也进行了大量的研究，最早的相关论文是1975年由Malcolm Dole发表在《科学》杂志上。该篇论文报道了氢气对小鼠皮肤癌的治疗效果，在实验中对皮肤鳞状细胞癌小鼠进行8个大气压高压氢气治疗，结果发现小鼠肿瘤出现明显缩小。这篇论文是最早将氢气用于医学治疗的报道，但在当时并没有引起学术界的广泛关注。究其原因，氢气作为一种可燃性气体，存在着比较高的安全隐患，且在当时氢气的储存和运输技术不够成熟，因而氢气一直以来都很难成为一种广泛被人接受的切实可行的治疗手段。

1996年英国化学家David Jones在《自然》杂志上发表了一篇科幻小品（见图3-2）。这篇文章提出了一个新的观点：氢气是人体内唯一一种能够中和羟自由基，且不会对人体产生毒性的物质。在人体中，各种炎症和疾病产生的主要原因是过多的有害细胞攻击病原体，而病原体被攻击的根本原因是活性羟自由基在体内产生的氧化应激反应。David Jones还对未来人类使用氢气作为医疗手段的方法进行了大胆的想象，他提出直接饮用氢水和体外注射氢水是两种最理想的氢气治疗方法，而且会开发出许多化学产氢气的药物。尽管这是一篇科幻作品，但他的预见在今天几乎已经完全实现。

在医学界以及医学发展的历史长河中，能够用作药物并且具有治疗效果的气体并不多，被验证确有疗效的仅有氧气和一氧化氮。因此将一种新的气体，尤其是危险气体引入到医疗界，并不是一件让人容易接受的事情。事实上，比这些工

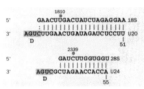

FIG. 2 Two interactions between snoRNAs and complementary sequences in rRNA: U20 pairs with 18S rRNA near its 3' end to specify uridine 2'-*O*-methylation (red dot); U24 pairs with 28S rRNA near the middle to specify cytidine 2'-*O*-methylation (and also interacts separately with an adjacent 28S site, not shown). In each case, the methyl group occurs on the rRNA nucleotide opposite the snoRNA nucleotide that is five bases upstream from the indicated D box. (For further interactions see refs 2, 3.)

from a sequence database search[1], and each match fitted the 'D box plus five' rule for the snoRNA nucleotide opposite the rRNA 2'-*O*-methyl. In cases where two 2'-*O*-methyls were next-but-one neighbours on the rRNA, two separate antisense snoRNAs were found which matched the overlapping tracts encompassing the two rRNA methylation sites.

Stimulated by the impressive correlation between intron-encoded snoRNAs and rRNA 2'-*O*-methyls, Bachellerie's group went on to obtain experimental support for a causal connection. One snoRNA, called U24, contains two tracts of complementarity to two adjacent stretches in 28S rRNA, each of which is methylated. When U24 is genetically depleted in yeast, methylation does not occur at these sites[2], but it does occur at other 28S sites. When the U24 gene is reinserted into the intron of a different gene from its original host gene, methylation is restored. When the D box is deleted by deleting one adjacent base, methylation occurs one nucleotide downstream from the normal site. Together these findings[2] clearly implicate U24 as a precise guide for 2'-*O*-methylation. One can envisage that snoRNAs pick out target nucleotides for methylation as if 'clicking' letters in a string of text.

Cavaillé *et al.*[4] have now taken the analysis still further. They have engineered the snoRNA, U20, so that it no longer pairs with its normal target site in 18S rRNA. Instead, one construct now pairs with a new, normally unmethylated site in 18S rRNA. Another construct pairs with a normally unmethylated site in 28S rRNA. The engineered U20s direct site-specific methylation at the new locations. For efficient methylation the D box needs to be adjacent to a region of perfect complementarity of at least 12 base pairs with rRNA. The target nucleotide in rRNA is near to the middle of a complete helical turn, on the same side of the helix as the D box, but on the complementary, rRNA, strand. The arrangement generates a 'docking plus

target' site for the putative methyl transferase. Finally, a U20 construct can be further engineered so that a non-ribosomal 'minisequence' can be methylated after transcription by the normal ribosomal RNA polymerase I, or even after transcription by RNA polymerase II (albeit with a lower efficiency of methylation).

Early studies on mammalian cells indicated that methylation is essential[10], or at least important[11,12], for ribosome maturation. However, more recent studies with a yeast temperature-sensitive fibrillarin mutant have shown that methyl-deficient ribosomes continue to be formed in this strain, although the growth rate is slowed[13]. Taken together with the new work, these findings indicate that the association of fibrillarin with snoRNAs is a prerequisite for the snoRNAs to perform their guide function in methylation. Nevertheless, the precise role of ribose methylation in ribosome maturation remains to be clarified. The new findings by Bachellerie's group will facilitate investigations into the importance of new methylations on an individual site-by-site basis — for example, when U24 was engineered so as to slightly displace a normal methylation site in 28S rRNA, growth rate was appreciably slowed[2]. Finally, the discovery of a need for guide snoRNAs for 2'-*O*-methylation should aid in the search for the elusive rRNA 2'-*O*-methyl transferase enzyme(s), begun promisingly by Segal and Eichler[8].

Ted Maden is in the School of Biological Sciences, Life Sciences Building, University of Liverpool, Crown Street, Liverpool L69 3BX, UK.

1. Bachellerie, J. P. et al. Trends Biochem. Sci. **20**, 261–264 (1995).
2. Kiss-László, Z., Henry, Y., Bachellerie, J.-P., Caizergues-Ferrer, M. & Kiss, T. Cell **85**, 1077–1088 (1996).
3. Nicoloso, M., Qu, L.-H., Michot, B. & Bachellerie, J.-P. J. Mol. Biol. **260**, 278–295 (1996).
4. Cavaillé, J., Nicoloso, M. & Bachellerie, J. P. Nature **383**, 732–735 (1996).
5. Garrett, R. A. & Rodriguez-Fonseca, C. in Ribosomal RNA, Structure, Evolution, Processing and Function in Protein Biosynthesis (eds Zimmermann, R. A. & Dahlberg, A. E.) 327–355 (CRC, New York, 1995).
6. Salim, M. & Maden, B. E. H. Nature **291**, 205–208 (1981).
7. Maden, B. E. H. Prog. Nucleic Acid Res. Mol. Biol. **39**, 241–303 (1990).
8. Segal, D. M. & Eichler, D. C. J. Biol. Chem. **266**, 24385–24389 (1991).
9. Maxwell, E. S. & Fournier, M. J. Annu. Rev. Biochem. **35**, 897–934 (1995).
10. Vaughan, M. H., Soeiro, R., Warner, J. R. & Darnell, J. E. Proc. Natl Acad. Sci. USA **58**, 1527–1534 (1967).
11. Wolf, S. F. & Schlessinger, D. Biochemistry **16**, 2783–2791 (1977).
12. Caboche, M. & Bachellerie, J. P. Eur. J. Biochem. **74**, 19–29 (1977).
13. Tollervey, D., Lehtonen, H., Jansen, R., Kern, H. & Hurt, E. C. Cell **72**, 443–457 (1993).

DAEDALUS

Gas therapy

THE foot-soldiers of our immune system are the phagocytes, the white blood cells which attack foreign cells or organic matter. Their call to arms is the inflammatory response, and their weapons are oxygen radicals, of which the sharpest and deadliest is the hydroxyl radical. This ferocious molecule oxidizes and wrecks almost any organic molecule it encounters. But like other soldiers, the phagocytes can damage their cause by being too indiscriminately destructive. Inflammation can be so intense as to be a disease in itself. In some cases it is entirely misguided, an assault on the normal tissues of the body. Then it has to be countered with drugs.

Daedalus now proposes a new anti-inflammatory strategy. He wants to counter the oxygen radicals generated by the phagocytes. The obvious counter is a strong reducing agent. The simplest and safest reducing agent, says Daedalus, is hydrogen. It reacts instantly with hydroxyl radicals, and the ultimate product is, of course, simply water. Even better, unlike the standard anti-inflammatory drugs, hydrogen has no mammalian biochemistry and almost no side-effects. Deep-sea divers breathe it safely as a component of their special high-pressure gas mixtures; some report a mild but pleasant narcosis. It could be taken for long periods of time, and when discontinued, would rapidly diffuse out of the body, mainly on the breath.

Not many drugs are gases, so hydrogen therapy poses some novel delivery problems. Simply breathing the stuff would work, but might be hazardous; mixtures of more than 4% of hydrogen in air are violently explosive. It is probably better to sneak it into the body in solution.

Carbon dioxide, of course, is ingested in vast quantities in this way, in fizzy drinks. It can even be occluded in sugar crystals, as in the 'fizzy sweet' Space Dust. DREADCO chemists are working on a soft drink pressurized with hydrogen, and even a hydrogenated fizzy champagne (the gas is more soluble in alcohol; with luck, the hydrogen narcosis will add to that of the alcohol). They are also melting sugar under many atmospheres of hydrogen, hoping to trap a useful amount of it in the solidified sugar. If it works, the product will be formed into pills and tablets. They are even experimenting with a hydrogen poultice to be placed on the site of inflammation. A pilot version contains zinc and hydrochloric acid, but milder chemical sources are being sought. Hydrogen diffuses so rapidly through skin, especially skin swabbed with alcohol, that local inflammation could be swiftly subdued. David Jones

图3-2　David Jones发表在《自然》杂志上的科幻小品

作更早开展的是关于潜水医学研究。最初使用的潜水气体是氦气，但氦气制取成本高、难度大，严重限制了其进一步应用。1837年，英国和苏联的潜水学家开始研究将氢气用于潜水的技术，后来美国和法国也先后展开了氢气潜水技术方面的研究。法国的COMEX公司很早就开始进行氢气潜水研究，分别采用大量细胞学和动物实验证明高压氢气的生物安全性，后来成功进行了人体试验和海上潜水试验，其探索使得氢气潜水技术更加成熟。1989年，法国军方联合COMEX公司使用氢气进行深度潜水实验，获得了巨大的成功：最大潜水深度可达710 m，创造了人类氢气潜水的最大深度，这一记录也一直保持到今天。

2001年，法国潜水医学家Gharib将血吸虫病导致的慢性肝硬化小鼠进行8个大气压氢气治疗，结果发现小鼠的肝硬化症状出现明显的减轻。该实验结果也证明氢气有着一定的医学效应，但在当时，Gharib的研究成果没有引起科学界和医学界对氢气医学的足够关注。

日本医科大学老年病研究所首先开展了氢气治疗疾病的研究，其所长太田成男教授对氢水连续数年的跟踪研究结果表明，活性氧毒性对线粒体功能的破坏效应与肌体衰老和许多慢性病的关系越来越明确。由此，太田教授开始重点关注这个问题。2005年，太田成男教授开始用富氢水进行氢气医学效应的研究，研究结果表明，添加氢气的培养基对抗氧化损伤具有明显的作用，富氢水的确对中风、心肌梗死和肝脏缺血等动物疾病模型有一定的治疗效果。太田成男教授认为氢气在未来拥有巨大的临床应用前景，并于2007年在《自然医学》

杂志发表了关于氢气具有选择性抗氧化的学术论文。

到2023年，以氢气生物医学为研究内容的各种学术论文已经达到2 000篇，专著论文也达到900余篇。氢气医学已经逐渐发展成为一个有一定影响力的医学研究方向。

氢气的安全性

任何一种气体的使用都必须先考虑其安全性，除了使用过程的安全性外，在医学上关注的安全性还需要考虑对人体、生物体的毒性问题。关于氢气的安全性和毒性，潜水医学给我们提供了正面且坚实有力的证据。

在潜水过程（见图3-3）中，最重要的是保证潜水者在水下的正常呼吸，由于人在水下要承受静水压力，必须呼吸压缩气体以平衡机体内外的压力差。人类最早使用的潜水气体是压缩空气，但是在高压下，呼吸空气的气体阻力增大，不利于顺利完成呼吸过程。而且空气中含有大量氮气，在高压下氮气对人体会造成一定的麻醉作用，因此限制了使用压缩空气潜水的深度。氦气密度小、呼吸阻力小，而且没有麻醉作用，故氦氧混合气潜水应运而生。

利用氦氧潜水技术让人类实现了超过空气潜水的最大深度，并很快实现了数百米深度的潜水技术突破。但是，当潜水深度超过150 m时，氦气也无法避免深度高压强给人类中枢神经带来的兴奋作用。另外氦气价格昂贵，大量使用成本极高。为了解决这些问题，人们也在不断寻找氦气的代替品，作为氦

图3-3　潜水过程示意

气的替补，氢气逐渐开始进入潜水科学家们的视野。1943年瑞典潜水员和潜水技术专家开启了氢气潜水的应用历史。

氢气应用于潜水，一般只能在潜水深度超过100 m时使用，这是因为当潜水深度超过100 m时，作为潜水气体的氢氧混合气中氧气的含量要小于2.1%，此时氢气的含量大于97.9%，已经远远超出了氢气的爆炸极限，因此潜水用的氢氧混合气体即使遇到明火，也不会发生燃烧反应。总结来说，深度潜水时，氢氧混合气中的氧气含量很低，使得氢气的含量超出其爆炸极限，因此是非常安全的。

关于氢气对生物体的安全性和毒性，也在潜水医学发展中得到非常全面的研究，其中最早研究这个问题的人是法国著名科学家拉瓦锡。1789年，拉瓦锡指出，在常压下哺乳动物吸入氢气没有毒性，但动物也不能代谢氢气，动物长期吸入氢气和氧气混合气，并不会对动物产生不良影响。在确定了吸入氢气对动物不会产生危害之后,科学家们通过大量人体试验发现吸入氢气对人体也没有危害。20世纪30年代,法国潜水技术公司COMEX进行了大量氢气潜水实验,结果表明,持续暴露于20个大气压氢气分压环境下,人体不会产生任何毒性反应。由于潜水时使用的氢气分压极大,浓度相当于正常气压下使用氢气的数万倍,因此表明常压下使用较低浓度氢气是非常安全的。潜水医学中高压下氢气对人体的安全性的研究发现给氢气医学的应用铺平了道路,是氢气使用历史进程中的里程碑事件。

在确定了氢气的安全性之后,世界各国也纷纷开始出台标准,给予氢气使用的官方肯定。中国于2014年12月正式发布了氢气的食品国家安全标准GB31633—2014(见 图3-4),从国家层面肯定了氢气可以作为食品添加剂使用,以国家标准的方式肯定了氢气的生物安全性。

日本厚生劳动省早在1995年就批准认证氢气可以作为一种食品添加剂。在之后的二十几年里,日本对于氢气的研究从未停止,2016年,日本明确提出将2%氢气吸入18小时作为官方认可的治疗心脏骤停的医用手段,同年吸氢机也被归入

中华人民共和国国家标准

GB 31633—2014

食品安全国家标准
食品添加剂 氢气

2014-12-24 发布　　　　　2015-05-24 实施

中华人民共和国
国家卫生和计划生育委员会 发布

图3-4　GB31633—2014:《食品安全国家标准 食品添加剂 氢气》

医疗器械,属于先进医疗设备B类(见图3-5)。在日本,氢气吸入已经正式成为一种可行的治疗手段,在疾病治疗的过程中发挥重要作用。

2014年,氢气获得美国食品药品监督管理局(FDA)安全认证,认定氢气通过GRAS认证。在欧盟的食品添加剂目录中,氢气也出现在第三部分《酶》和第五部分《营养成分》里。

2020年新冠状疫情暴发,氢氧混合吸入作为一种治疗新冠肺炎的方法被列入《新型冠状病毒肺炎防控方案》的第七版、第

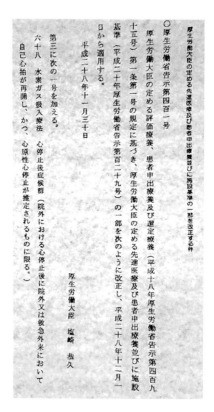

图3-5 日本厚生劳动省认可氢气吸入为先进医疗技术的公告

八版诊疗方案中。氢氧混合吸入类设备被国家药监总局列入"国家创新"三类呼吸医疗设备,作为三类医疗器械批准上市,拉开了氢医学的新时代(见图3-6)。2020年6月,《中华人民共和国基本医疗卫生与健康促进法》正式实施,《"健康中国2030"规划纲要》明确指出以发展健康产业为重点,氢气在医疗领域也逐渐开始大展拳脚。2021年,采用吸氢机吸入氢气疗法被纳入山东省和吉林省的医保范围。

2020-2021年医疗器械分类界定结果汇总

图3-6　国家药品监督管理局医疗器械标准管理中心对氢氧混合吸入类设备的分类

氢的使用状态

随着人们对氢了解的逐渐深入,对氢的使用也更加科学合理。要使氢能够在人体内发挥作用,就要想办法将氢运送到人体之中。根据氢及氢载体的物理状态不同,可以将氢在医学健康领域的使用状态分为三种:气态用氢、液态用氢以及固态用氢。三种不同的供氢方式各具特点,随之也派生出了多种多样的氢气治疗方式,为氢医学研究和治疗提供了更多的可能性。

气态用氢

气态用氢是最直接的用氢方式,就是将氢气直接运抵需要氢气的部位。医学上气态用氢最常见、最简单、最便捷的方式就是直接吸入氢气，即通过呼吸道直接将氢气吸入人体体内。

一般来说，氢气吸入可以分为高压吸入和常压吸入。高压吸入氢气时，由于压力较高，需要特殊的加压舱，技术复杂而且存在一定的危险性。因此高压吸入并没有得到大规模的普及，一般仅仅应用于潜水。

氢气的常压吸入包括纯氢吸入和氢氧混合气吸入两种常见的类型。纯氢吸入具有较高的安全性，但是当纯氢吸入量过大时，有可能会造成体内氧分压下降。而且在低氧含量环境中并不适合进行纯氢吸入，纯氢吸入要有足够高的氧含量以保证氢氧两种气体在总体上保持相对平衡。例如，纯氢吸入有助于肺活量低的儿童增加肺活量，并有助于肺功能障碍患者的恢复，然而如果在高原地区，空气稀薄，氧气含量低，纯氢吸入的治疗作用则会大幅度削弱甚至消失。而氢氧混合吸入则不会造成低氧，但由于氢气易燃烧，氢氧混合吸入无形中提高了发生燃烧甚至爆炸的风险，因此对设备的安全技术要求更高。

目前，氢气吸入不仅仅可以在医院内实现，随着家庭制氢仪（见图3-7）的问世，人们足不出户就可利用吸氢进行日常保健或者疾病治疗。氢气在空气中的可燃浓度范围是

图3-7　家庭制氢仪氢气吸入

4% ～ 74%，因此为了保证吸氢过程的安全，吸入氢气的浓度一般控制在4%以下。作为普通人的日常保健，每天吸氢1 ～ 2小时就可能看到效果。对于一些严重的疾病，如急性脑中风、心肌梗死、老年痴呆等，患者就需要通过长时间的连续吸氢才可能产生效果。

液态用氢

用水作为氢气的载体是另外一种比较常见的用氢方式，让氢气溶于水中形成富氢水，供给到人体内，这就是液态用氢。富氢水的使用方法有很多，包括饮用、注射、淋洗和浸泡等，还包括血液给氢和透析腹膜给氢等（见图3-8）。液态用氢的最大特点在于氢可以进入人体的内部，并且有机会直接进入人体的体液，使得作用效果更加明显。

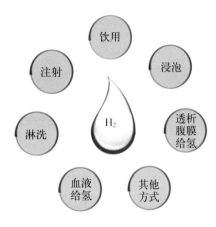

图3-8　液态用氢的主要方式

但氢气在水中的溶解度非常有限，而且极易逸散，在富氢水的制备、储存和运输过程中，需要解决压力和气密性两个问题，需要让尽可能多的氢气溶解在水中，才能保证富氢水的效果。

液态用氢最简单的方式就是直接饮用富氢水，氢可以直接经过食道抵达胃肠，进入到人体。由于氢气的渗透性强，还可以通过皮肤进入人体，因此可以通过将富氢水和身体直接接触的方式为人提供氢。目前,提供饮用氢水的产品有氢水杯、氢水机、袋装或瓶装氢水等。临床学研究表明,饮用饱和浓度的氢水代替日常饮水,既方便安全,又能提高人体免疫力,对人体健康有诸多好处,对各类疾病恢复也具有促进作用。

氢水沐浴也是一种液态用氢的方式,通过氢水和皮肤接触,利用氢的高穿透性,使氢进入人体。通过大功率的氢水生产设备,可以在15分钟内快速制备浓度在1 ppm以上的氢水。氢水沐浴和普通泡澡一样,使皮肤浸泡在含氢气的温水里,氢气可以通过皮肤毛孔进入身体。氢水沐浴对皮肤可以起到抗皱抗衰老的功效,而且可以减轻紫外线对皮肤造成的损伤。氢气沐浴还可以缓解牛皮癣等难治性皮肤病,促进患病皮肤修复再生。

另外通过注射也可以将氢直接准确的注入到体内需要氢的部位。注射也是适合临床应用的氢气提供方式,通过静脉注射或者其他部位的注射将富氢生理盐水供给到体内是完全安全可行的。含氢的生理盐水静脉注射的方式已经在多种疾病模型中得到应用,包括急性胰腺炎模型、失血性休克模型、急性听力损失模型等,并且显示出明显的效果。目前,含氢透析液也已经应用于临床试验,研究显示含氢溶液可以有效地降低透析过程中的氧化应激,改善患者的营养状况并增加患者的蛋白水平,有效促进患者恢复健康。

固态用氢

固态用氢是将不易控制的氢气以可控的固态形式储存起来,采用固体材料作为载体,将氢气送到需要氢气的部位,再将氢气从固态载体中释放出来。与其他两种用氢方式相比，固态用氢更加方便，作用效果更加持久。固态用氢为精准的靶向供氢、定量供氢、缓释供氢、长效供氢提供了可能。现在技术较为成熟的固态用氢材料主要是由上海交通大学氢科学中心研究团体自主研发的新型镁基固态储氢材料——生物医用镁氢材料。

生物医用镁氢材料由于储氢容量大、储量丰富、价格低廉、质量轻、可逆性好，以及材料在干燥空气中非常稳定、易于储存和运输等优点，被广泛认为是最具应用前景的储氢材料之一。相较于传统的高压气态储运氢技术，镁氢材料具有显著的安全优势，能够满足多方面的应用要求。镁氢材料资源丰富，储氢量高，通过加热和水解两种不同的方式都可以使氢释放出来。固体载氢材料可以实现靶向、定量、缓释控制氢的释放，使氢成药成为可能。

镁基固态储氢材料（见图3-9）安全无毒，具有良好的生物相容性，且稳定性较好，可通过水解产生氢气，并能够维持相对较长的时间，因此可以作为氢生物学的潜在产氢材料。新型生物医用镁氢材料的储氢效率高、应用范围广、具有良好的生物安全性（对人体安全无害），我们将在本章的最后一节对生物医用镁氢材料做详细的介绍。

图3-9　镁基固态储氢材料

氢医学效应的机制

氢具有如此神奇的医学效应，但是氢医学的效应机制到底是什么，是氢医学科学家和研究者们一直在研究探索的关键性问题。现代医学研究表明，氢气在医学上具有良好的生物学效应，其最根本的作用机制是由于氢气具有抗氧化、抗炎症和抗细胞凋亡的作用（见图3-10）。

图3-10　氢医学效应的机制

一个新鲜的苹果在切开后，在空气中放一段时间，表面就会皱缩，果肉的颜色从白色逐渐变为深褐色，像生锈了一样，这就是氧化过程（见图3-11）。人体内很多疾病的产生、病情的加剧，以及人体逐渐衰老的过程，都是氧化反应。物质由原子组成，就像卫星环绕地球一样，在原子内部，电子沿一定轨道绕着原子核快速旋转，当原子在一定条件下失去一个电子时，它们就变成了自由基。呼吸、饮食、免疫系统运转以及正

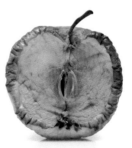

图3-11　苹果的氧化

常的生理代谢都会产生大量自由基。随着对自由基生物学研究的深入，人们逐渐认识到自由基分为多种不同类型，有些自由基没有毒性，对维持细胞正常生命活动至关重要，是人体内不可缺少的重要组成部分。而有些自由基则毒性很强，这种强氧化性和强毒性会对人体产生危害，可能导致严重的氧化应激损伤。现代医学认为，人体内的有害毒性自由基数目不断增加是引发人体各种疾病的重要原因。

理想的抗氧化方式是选择性中和有毒自由基。通常来讲，具有还原性的物质都有能力中和毒性氧自由基，然而人们逐渐发现补充其他抗氧化剂并不能延缓衰老和减少疾病的发生。氢气作为一种具有还原性的气体，是一种可以广泛使用的抗氧化剂，氢分子是最小的无极性分子，具有良好的穿透性，可以在人体各器官各组织内扩散。实验研究发现，氢气是一种理想的选择性中和毒性自由基的物质，对多种氧化损伤相关疾病模型具有治疗作用。大量研究表明，氢气能选择性中和毒性自由基。

1975年，国外研究团队基于氢气的还原性，采用提高氢气分压，促进氢气抗氧化能力的方式来产生抗氧化作用，中和毒性自由基(见图3-12)。2007年，同样基于氢气的还原性，有研究团队通过小剂量氢气吸入来治疗脑缺血再灌注损伤，并首次明确提出氢气具有选择性抗氧化作用，能够中和强氧化自由基。此后，国内外相继有大量研究团队的研究结果表明氢气具有抗氧化、抗炎症和抗细胞凋亡的效应，并对细胞内相关信号分子及其基因表达产生了广泛的影响。当然，氢医学作用最受公认的解释仍然是选择性抗氧化作用，

健康原子   自由基   抗氧化剂

图3-12　氢气选择性中和有害自由基

主要是因为选择性抗氧化假说可对多种氢生物学效应提供初步合理的解释。

人体和其他生物体中存在着大量自我调节机制，其中一种调节机制就是自由基。当生物体内的细胞受到刺激或者伤害，体内变化产生大量的自由基，人体会根据细胞内情况直接启动一系列的反应来清除多余的自由基。人类生存的环境中也充斥着大量自由基，当自由基数量超过人类自身的调节能力时，就有可能导致氧化损伤、病变或者炎症。NrF2是目前已知的最重要的氧化损伤调控中枢，是外源性有毒物质和氧化损伤的感受器。NrF2可以激活体内细胞防御的化学反应，通过调控血红素氧合酶、超氧化物歧化酶、谷胱甘肽过氧化物酶等其他酶的活性和数量，对体内的有毒物质和氧化损伤进行防御。氢气对NrF2的活性有明显的提升作用，这也就意味着通过氢气可以调控内源性抗氧化系统活性，增强细胞对抗损伤的能力。这也是氢气具有抗炎症、抗细胞凋亡作用的原因。

总结起来，氢气可以通过自己的还原性产生抗氧化作用中和毒性自由基，还可以激活基体自身的抗氧化活性，选择性地清除毒性自由基。并且通过激发体内细胞防御机制，起到减轻炎症，促进疾病康复的作用。同时，帮助细胞对抗细胞内外部损伤，增殖修复，达到减少细胞凋亡，延缓细胞衰老的效果。

氢医学的现状与研究进展

随着对氢气医学研究的逐渐深入，氢医学这一新兴学科也随之形成。氢气逐渐成为一种医疗手段，尤其是随着2020年氢气和氧气联合吸入被正式纳入我国《新型冠状病毒肺炎治疗方案》，标志着氢气在医学领域的临床应用上发展到一个崭新的阶段。氢医学的主要研究领域包括氢气改善人类疾病症状的基础医学和临床医学，其中与氢气生物学效应直接有关的是其剂量、使用方法和效果，以及可能的毒副作用等。

氢气对人体呼吸系统、消化系统、心脑血管、皮肤、慢性病，甚至癌症等200余种疾病（模型）都有显著的治疗和修复作用（见图3-13）。涉及氢气改善疾病症状和损伤的论文在2016年就超过300篇，迄今为止，氢医学相关的各种学术论文已经超过2 000篇，论文数量还在逐年增加。

氢气与呼吸系统疾病

呼吸系统疾病是一种常见病和多发病，轻者导致咳嗽、胸痛、呼吸受阻，重者则会导致肺部损伤、缺氧、甚至呼吸衰竭而致死。近年来，氢应用于治疗呼吸系统疾病已经取得良好的

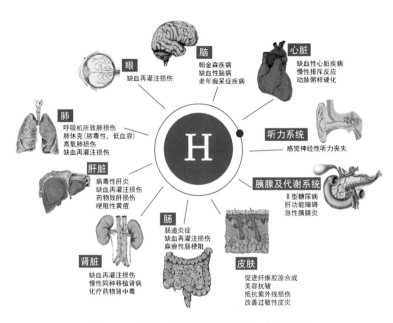

图3-13　氢气对各种疾病的治疗和修复作用

疗效，中国工程院院士、中国呼吸疾病国家重点实验室主任、国家呼吸疾病临床医学研究中心主任钟南山曾说过："氢医学有很大发展前景，氢具有很强的抗氧化作用，针对慢性疾病，吸入氢气可以通过抗氧化消除炎症。"

　　吸入氢气对慢阻肺或支气管哮喘的病情发展可起到延缓作用。吸入氢气可以使慢阻肺疾病模型（COPD）的各指标向健康组靠拢（见图3-14），进而有效减少肺部的炎性细胞，减轻肺病理损伤，改善肺功能。氢气通过抗炎、改善蛋白酶/抗蛋白酶失衡、抗凋亡等机制对慢性阻塞性肺疾病的发展起延缓作用。吸入氢气可以在一定程度上减少炎症因子释放，维持体内平衡，缓解体外循环引起的肺组织损伤。氢气能够显著

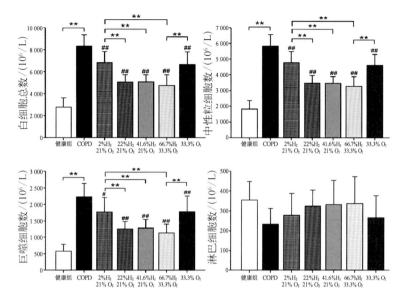

图3-14 氢气使用后对肺泡灌洗液中白细胞各种数值的影响

减轻组织氧化损伤,减轻肺组织中性粒细胞渗出及出血充血(见图3-15),进而改善肺组织水肿、炎症细胞浸润,起到促进肺水肿的治疗和康复的作用。

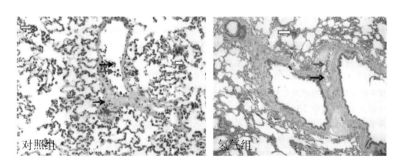

图3-15 光镜下肺组织形态学观察结果(HE×400)

注:⇒、←、→分别代表出血的毛细血管、血管中性粒细胞和红细胞。

通过氢气雾化吸入可以有效改善吸烟导致的肺功能减弱、肺气肿、炎症细胞浸润、杯状细胞增生等现象，抑制慢阻肺的进一步发展。而通过靶向干预可显著改善因PM2.5导致的细胞（如A549、HBE-人支气管上皮细胞、C57-Ⅱ型肺泡上皮细胞）生长抑制作用，恢复组织细胞增殖活力。氢气雾化吸入能够降低急性肺损伤模型的死亡率，减轻病理变化，减少炎症，降低气道阻力，同时可以抑制平滑肌的增殖和血管重构，进而改善肺动脉高压。

通过富氢水的注射和饮用也能够有效发挥氢抗炎、抗凋亡及抗氧化应激的特性，可以减轻多种原因造成的急性肺损伤。注射氢气饱和生理盐水能显著改善氧化应激状态并且可减轻中毒所引起的弥漫性肺损伤。氢气饱和生理盐水可减轻氧自由基诱发的脂质过氧化作用和DNA氧化损伤，减少胶原蛋白聚集，从而减轻肺纤维化程度，促进肺损伤的恢复。

2020年新型冠状病毒肺炎疫情暴发，新型冠状病毒可以通过过度激活免疫系统引发炎症，对呼吸系统造成严重的损伤。最新的临床试验研究表明，让新冠肺炎患者吸入氢氧混合气，可以有效抑制新冠肺炎的进一步发展，对新冠肺炎病毒有显著的治疗作用。国家卫生健康委员会发布的《新型冠状病毒肺炎诊疗方案（第七版）》中建议将吸入氢氧混合气（氢气和氧气的体积比为2 : 1）作为治疗新冠肺炎的有效手段，证实了氢在治疗呼吸系统疾病方面的疗效。在疫情较为严重的时期，许多医院都为医生和护士配备了吸氢机，用以救治新冠肺炎患者。同时，医护人员本身也会吸入氢氧混合气，用来提高自身的抵抗力和免疫力。

氢气与心脑血管疾病

心脑血管疾病泛指由于高脂血症、血液黏稠、动脉粥样硬化、高血压等导致的心脏、大脑及全身组织发生的缺血性或出血性疾病。心脑血管疾病具有高致残率和高死亡率，是一种严重威胁人类健康的常见病。活性氧自由基诱导的氧化应激带来的氧化还原失衡是心脑血管疾病的重要影响因素。氢气具有良好的抗氧化性，能有效清除活性氧自由基，因此氢气可以在治疗心脑血管疾病中发挥重要作用。

最早的关于氢对心脑血管疾病治疗的研究是在脑缺血和心肌缺血的动物上进行的实验研究。脑缺血和再灌注损伤是临床上常见的具有严重危害的病理生理过程，其损伤机制十分复杂，其中活性氧自由基的大量生成及释放是造成细胞损伤的主要因素。氢气可以通过减少活性氧自由基生成，减轻氧化应激损伤，维持线粒体膜的完整性，进而维持线粒体结构完整并保证线粒体功能正常，从而改善脑缺血和再灌注后的神经功能，对脑缺血和再灌注损伤后的康复有明显的促进作用。研究表明吸入高浓度氢气可以抑制皮质区神经细胞凋亡，有效减少炎性因子的表达，进而改善脑缺血和再灌注损伤后的神经功能，促进神经功能转归，助力损伤修复，即氢气对血栓也有明显的治疗和改善作用（见图3-16）。

心肌缺血是指心肌能量代谢不正常，心脏无法正常工作的一种病理状态。心肌缺血状态下，心肌细胞内葡萄糖摄取速度加快，葡萄糖大量消耗，含量减少，ATP生成减少。由于葡萄糖无法进一步分解为CO_2和H_2O，最终只能生成乳酸。而

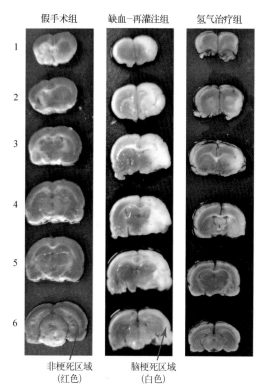

假手术组　　缺血-再灌注组　　氢气治疗组

非梗死区域　　　脑梗死区域
（红色）　　　　（白色）

图3-16　三组大鼠脑缺血再灌注后48小时脑组织TTC染色

乳酸在心肌细胞中的代谢能力下降，导致心肌细胞功能受到抑制。氢气具有选择性抗氧化、抗炎症和抗细胞凋亡三种作用效果。生物体通过吸入氢气能降低心肌缺血再灌注损伤早期发生的炎性反应，保护心肌免受缺血再灌注损伤；而注射饱和的富氢生理盐水，可以有效减少自由基的形成，提高心脏功能恢复的能力，并且对血液流动起到一定的稳定作用。富氢水能减少心肌缺血再灌注损伤后的心肌细胞凋亡，减轻心肌缺血再灌注损伤。

动脉粥样硬化也是一种典型的心脑血管疾病，一旦发展程度足以阻塞动脉腔，则该动脉所供应的组织或器官将缺血或坏死。由于在动脉内膜积聚的脂质外观呈黄色粥样，因此称为动脉粥样硬化（见图3-17）。

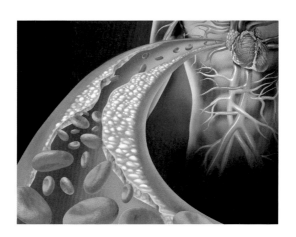

图3-17　动脉粥样硬化示意

　　氢气可以通过调节动脉壁炎症以及与胆固醇逆转运相关重要分子的转录和翻译来抑制动脉粥样硬化。在细胞层面对氢气治疗动脉粥样硬化的研究表明，氢气可以有效促进内皮细胞脂质代谢并减少氧化应激产物的产生，减少细胞凋亡。相关的动物实验也进一步表明，氢气可以有效缓解血管内膜组织增生，促进血管功能重建。而经由分子特异性染色和基因表达水平检测后发现，氢气可以减少多种炎性因子的表达，同时促进血管功能的恢复。动脉粥样硬化可引起血管堵塞，甚至破裂，最终导致脑中风、脑出血。脑中风和脑出血都是死亡率非常高的心脑血管疾病，而且复发率极高。氢气可以抑制动脉粥样硬化形成，稳定动脉壁上容易脱落的不稳定斑块，在预防脑中风过程中发挥非常重要的作用。而且在脑中风康复过程中，氢气可以很好地促进脑细胞的修复和更新，预防脑中风复发。

氢气对急性心脑血管疾病同样具有一定的保护和治疗作用。急性心肌梗死就是一种常见的急性心脑血管疾病，是在冠状动脉粥样硬化的基础上，由斑块破裂阻塞血流引起（见图3-18）。

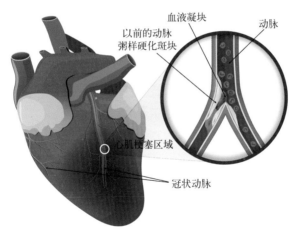

图3-18　心肌梗死示意图

日本科学家研究发现吸入2%的氢气可显著改善心肌缺血再灌注引起的损伤：在心肌缺血再灌注时，会爆发式地产生大量的活性氧，氢气能够有效清除过多的活性氧自由基，因此通过注射富氢水，可以在大鼠和狗心脏缺血再灌注模型中显著减少梗死面积。氢气同时抑制炎症反应，减少了细胞凋亡数量，从而加速了受损心肌的再生和重构，有助于治疗心肌梗死。2009年，《实验生物学与医学》杂志发表文章，报道了将氢气制成为含氢浓度为0.2 ～ 1.0 mmol/L的富氢生理盐水后，将该生理盐水注射到生物体内，可以明显减轻急性的心肌缺血再灌注损伤，同时加快损伤组织恢复。

心脏骤停是一种常见的、突然发病的急性心脑血管疾病，抢救成功率很低，即便抢救成功，缺氧性中枢神经损伤又是致残的主要原因，目前尚未发现有合适的治疗药物可以改善上述情况。研究结果表明，在常规治疗中吸入氢气有助于降低心源性猝死患者的氧化应激指标，这说明吸入氢气是一种抢救昏迷的心脏骤停患者的治疗方法。2016年11月，日本厚生劳动省将"吸氢治疗心脏停跳综合征"纳入"日本先进医疗B类"体系，2%氢气的吸入是一种可以保护脑功能，救助生命，让患者早日康复的革新性治疗方法。

急性心脑血管疾病病人在抢救和恢复过程中适当吸入氢气，可以在一定程度上减少细胞的死亡，保护心脏功能，提高抢救存活率。未来氢气很有可能将在医疗急救领域发挥更加重要的作用。

氢气与皮肤疾病

人体中最大的器官是皮肤，皮肤包裹在我们身体表面，直接同外界环境接触，它具有保护、排泄、调节体温和感受外界刺激等作用。当皮肤的生理功能受到损害时，就会引起皮肤病。

氢气对人体皮肤具有良好的辐射防护作用，对急性放射性皮炎有积极修复作用，可以保护角质形成细胞免受辐射导致的损伤，还可以抑制电离辐射损伤。因此，可将富氢水作为潜在的皮肤辐射防护剂，在受到辐射伤害后，也可以采用富氢水促进皮肤恢复。而且氢水对皮肤烧伤后的色素沉着有一定的改善效果，因此氢水也可以用来做淡斑、护肤、美容的新产品。

此外，氢气能够有效地缓解银屑病、特应性皮炎和皮肤淋巴浸润性疾病的皮肤病理特征。患者在使用富氢水泡浴或者坚持淋洗患处后，特应性皮炎和皮肤淋巴浸润性疾病均出现不同程度的减轻，长期使用富氢水对慢性皮肤疾病银屑病也具有明显的辅助治疗作用，银屑病斑块变淡甚至消失（见图3-19）。

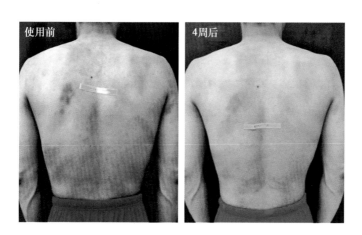

图3-19　富氢水对慢性皮肤病的治疗效果

皮肤创伤也是外科临床中一种常见的疾病。富氢水在创伤愈合过程中具有减少氧化应激损伤，降低炎症反应，使肉芽组织中血管数增加，加速创口上皮化，加快创面愈合速率，缩短创面愈合时间的作用，治疗效果如图3-20所示。

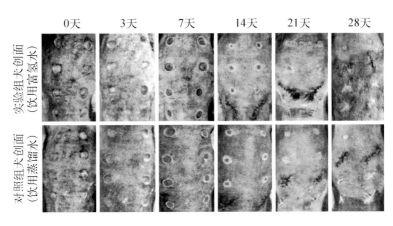

图3-20　实验组犬创面愈合情况照片

　　放射性皮肤损伤也是一种常见的皮肤疾病,当人体遭受辐射后,体内释放大量自由基和活性氧,抗氧化酶类严重不足,导致多种细胞因子异常表达,生长因子水平低下会带来很难逆转的放射性皮肤损伤。氢气能有效地选择性清除活性氧自由基,起到补充抗氧化酶的作用,并且还能消除炎症,促进细胞因子的正常表达,促进皮肤创伤愈合,促进放射性皮肤损伤修复。对高原官兵皮肤病患者的临床研究发现,富氢水泡浴能降低炎性因子水平,改善血浆氧化应激反应,有效治疗皮肤病,有助于降低皮肤病复发率。

　　除此之外,氢气对皮肤还有美容抗皱的功效,当氢气与皮肤接触,可促进纤维细胞胶原合成,清除自由基,抑制角质细胞死亡,并且氢气可以促进胶原蛋白合成以减少皮肤皱纹,从而起到美容抗皱延缓皮肤衰老的作用。当皮肤长期接受紫外线照射,使得真皮层的成纤维细胞受到严重的氧化损伤,从而产生皱纹、皮肤松弛、毛细血管扩张、皮肤色素不均匀等现象。

神
奇
的
氢
科
学

而氢气的补充,可以减轻中波紫外线导致的细胞增殖抑制作用,增强超氧化物歧化酶和过氧化氢酶的活性,减少脂质过氧化产物丙二醛的数量,从而保护细胞,减少损伤。氢气可以有效清除活性氧、促进Ⅰ型胶原蛋白合成,可广泛应用于日常皮肤护理。

富氢水沐浴能对抗紫外线引起的皮肤损伤,对改善面色黯淡、肤色不均、肌肤干燥、细纹和斑点等问题有显著效果,这些研究揭示出氢气在美容护肤领域的广阔前景(见图3-21)。

改善面色黯淡、肤色不均、肌肤干燥、细纹和斑点等问题

使用氢水洗漱沐浴　　　　　　　　添加储氢材料的护肤品

图3-21　氢气在美容护肤领域的潜在应用

氢气与五官科疾病

人们常说的"五官",指的是"耳、眉、眼、鼻、口"五种人体器官。眼、口、耳、鼻、喉是针对五官科诊治对象及分支名称的结果。氢气在五官疾病方面的研究和应用目前并不是很多,主要集中在眼科疾病和耳科疾病。

眼科疾病

黄斑变性是一种常见的眼科疾病(见图3-22),黄斑是人眼视网膜的一个正常结构,它决定着眼睛的精细视力,黄斑变性可能会导致黄斑区域有渗出性改变,或者黄斑水肿、黄斑区出血等。

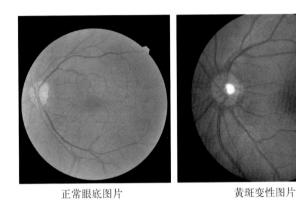

正常眼底图片　　　　　　　　黄斑变性图片

图3-22　正常眼底和黄斑变性的眼球照片

过量的活性氧自由基造成的氧化应激损伤是黄斑变性发病的重要原因。氢对黄斑变性模型有显著的保护作用,氢气可以通过抑制氧化应激、抗凋亡途径对小鼠眼部起到保护作用,故氢气可作为一种抗氧化剂来治疗黄斑变性。氧化应激作用在黄斑变性中会诱导视网膜内线粒体铁蛋白(FtMt)表达增加,而增高的FtMt可能进一步起到抗氧化应激损伤的作用,形成恶性循环。氢气或者富氢水的引入,可以有效抑制氧化应激反应,减少FtMt的含量,从而改善黄斑变性的状况。

富氢水对干眼也能起到显著的改善作用,采用富氢水直接滴眼或腹腔注射均能改善实验大鼠的干眼体征,使角结膜上皮增生减少,杯状细胞形态趋于正常,角结膜上皮凋亡细胞明显减少,角结膜鳞状上皮化生改善。富氢水可以通过抑制炎症反应来缓解干眼眼表损伤,对干眼具有保护作用,有望成为治疗干眼的新型药物。富氢水对眼病患者的眼眶成纤维细胞也有明显的影响。眼病患者眼眶成纤维细胞的增殖能力高于正常人,在使用富氢水后,细胞内透明质酸的含量降低,成纤维细胞的增殖能力下降,并逐渐恢复到正常水平,促进眼病康复。

可见,氢气作为一种良好的抗氧化剂和活性氧自由基清除剂,是一种能够有效预防和减少黄斑变性、干眼和其他眼部疾病的潜在治疗手段。

耳科疾病

氢气在耳科疾病领域的研究主要是缓解噪声引起的噪声性耳聋,噪声性耳聋(见图3-23)的初期表现为听觉敏感度及分辨力下降,严重者可能出现感音性耳聋,并伴有耳鸣、头晕、失眠等症状。

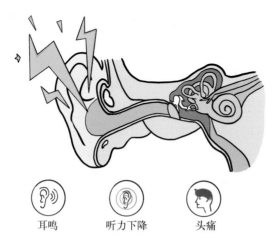

耳鸣　　　　听力下降　　　　头痛

图3-23　噪声性耳聋

噪声性耳聋的主要发病机制为损害性噪声会导致耳蜗内细胞组织的机械性损伤。氢气或者富氢水可以减少耳蜗毛细胞凋亡,进而减轻噪声对耳朵造成的损伤。在注射富氢水后,患有噪声性耳聋的豚鼠听阈降低程度减低,表明富氢水的使用促进了噪声性耳损伤的恢复。氢气通过减少活性氧自由基可以有效防护噪声损伤,注射氢生理盐水对脉冲噪声引起的听力损害具有显著的防治作用。可见,氢气对噪声引起的噪声性耳聋有一定的治疗作用。氢能够迅速有效地减轻内耳的氧化损伤程度,而其他大多数药物很难直接到达内耳发挥治疗作用。

氢气与消化系统疾病

消化系统是人体九大系统之一,由消化道和消化腺两大部分组成。其中消化道包括口腔、咽、食道、胃、小肠和大肠等部位,主要的消化腺有肝脏和胰脏。氢气的抗氧化性和清除活性氧自由基功效,在治疗和改善胃、肠、肝脏类疾病中同样也发挥了重要作用。

氢气治疗胃炎、胃损伤的研究报道有很多,一个重要的原因是通过直接饮用富氢水就可以直接使氢通过食道达到胃部。通过饮用富氢水,整个消化道黏膜细胞出现的炎症和其他问题可通过吸收氢气逐渐好转,有助于各种胃部疾病的康复。直接饮用富氢水可以修复胃损伤,对胃黏膜起到保护作用,胃黏膜损伤指数显著降低,胃黏膜糜烂损伤面积显著减少(见图3-24),胃组织病理损伤减轻,血清活力显著升高,这表明富氢水可以减轻急性胃损伤。

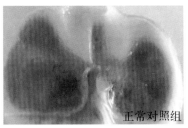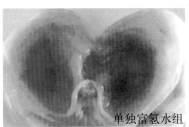
正常对照组　　　单独富氢水组

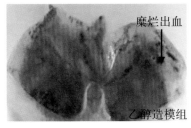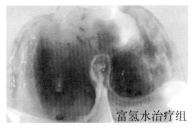
糜烂出血
乙醇造模组　　　富氢水治疗组

图3-24　饮用富氢水对急性乙醇性胃损伤模型胃组织大体标本变化的影响

氢气对功能性消化不良有改善作用，在对消化不良大鼠注射富氢水后，大鼠体质量、胃排空率、小肠推进率都有所增加，富氢水提高了血清胃促生长素的水平并降低了血清胃泌素的水平，表明富氢水对治疗功能性消化不良大鼠具有协同治疗效果，氢气具有作为良好的促进消化类药物的开发和应用价值。

肠道是人体重要的消化器官，人体肠道内大约存在10万亿个细菌，这就是肠道菌群，它们影响着人体的消化能力和抵御感染能力。肠道菌群一旦出现问题，会引起多种疾病。氢气的抗氧化应激反应和抗炎效果有助于维护肠道菌群环境的平衡，对肠道健康有重要意义。

对肠道长期补充氢气可以提高肠上皮紧密连接蛋白的表达，增强肠屏障功能的潜能。氢气能够通过清除过多自由基,促进运动疲劳和肠屏障的康复。补充氢气能增加有益菌的丰度、改善菌群结构、促进肠道菌群微生态平衡的恢复,从而缓解运动性氧化应激损伤。使用氢水治疗能明显降低大鼠肠组织丙二醛含量和过氧化物酶活性,提高大鼠肠隐窝增殖细胞核抗原阳性表达细胞数,对肠缺血再灌注损伤有明显的保护作用。可以看出,氢气对维护肠道菌群环境有重要的作用。

通过研究富氢水对小鼠肠道屏障和菌群的影响发现,富氢水灌胃可以减弱黏膜损伤,使肠组织丙二醛水平下降,肠道超氧化物歧化酶、过氧化氢酶活力升高,血清二胺氧化酶水平的下降有助于肠道菌群修复。日本学者的相关研究也发现长寿人群的肠道菌群的产氢能力要强于普通人,氢可以调控肠道菌群的基因表达,长期饮用富氢水对人体的肠道菌群会产生积极作用,进而保护肠道健康(见图3-25)。

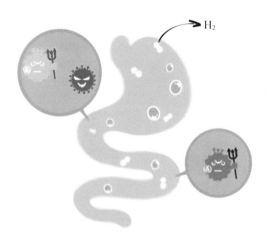

图3-25　氢可以调控肠道菌群

肝脏以代谢功能为主，起着排除身体毒素、储存糖原等重要功能。肝病对人体健康的危害性极大，氢气和富氢水为肝脏类疾病的治疗提供了一条新的道路。富氢水能够显著改善由于酒精所导致的相关肝功能生化指标含量的上升或下降，富氢生理盐水能够使肝脏在吸收大量酒精时，结构仍能基本保持正常形态。初步证明了富氢水对酒精诱导的肝损伤有较好的改善效果。

富氢盐水的摄入对损伤后的肝脏形态结构有明显保护作用，巨噬细胞浸润明显减少，肝细胞凋亡明显减少。富氢盐水不仅降低血清转氨酶、炎症因子水平，还抑制肝纤维化形成。富氢盐水通过抑制肝纤维化的形成及损伤后肝细胞代偿性增殖，发挥其对肝损伤的保护作用。而且富氢盐水能有效增强肝脏的抗氧化能力，有缓解脂肪肝的功效，对高脂高糖饮食造成的肝损伤有一定的改善作用。富氢生理盐水还能显著减轻急性肝损伤，对肝纤维化和肝脏细胞增生均具有显著的抑制作用，并能有效增强抗氧化能力，抑制炎性反应，促进肝功能恢复。

此外，氢气可以减轻缺血再灌注时氧自由基对组织的损伤，改善肝硬化。通过腹腔注射或者灌注的方式直接将富氢生理盐水运抵体内，可以提升治疗效果。氢气和富氢水对各类肝脏疾病的预防、治疗和临床研究都有着重要意义。

氢气对慢性病的治疗

慢性病是对一类起病隐匿、病程长而且病因复杂的疾病的概括性总称。本部分介绍的氢气具有潜在治疗效果的慢性病主要包括糖尿病、帕金森病和阿尔茨海默病等。

　　糖尿病是一种由多种病因引起的以血糖升高为特征的慢性代谢性疾病,大量科学家、学者研究了氢气对糖尿病的作用和影响。注射富氢水可减轻糖尿病小鼠肾脏组织的氧化应激水平,从而对糖尿病小鼠的肾脏起到保护作用。对患有Ⅱ型糖尿病的大鼠饲喂富氢水,发现大鼠皮肤创面愈合的炎症期以及肉芽组织生成期明显缩短,创面愈合明显加快,说明长期饮用富氢水对Ⅱ型糖尿病创面愈合具有促进作用。直接注射富氢生理盐水则可以改善Ⅱ型糖尿病小鼠的一般情况,降低小鼠血糖,控制体重,改善胰岛素抵抗,改善Ⅱ型糖尿病小鼠皮肤、胰腺微循环功能障碍(见图3-26)。

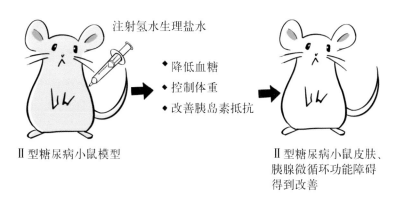

注射氢水生理盐水

◆ 降低血糖
◆ 控制体重
◆ 改善胰岛素抵抗

Ⅱ型糖尿病小鼠模型　　　　　　Ⅱ型糖尿病小鼠皮肤、胰腺微循环功能障碍得到改善

图3-26　注射富氢生理盐水对Ⅱ型糖尿病小鼠的疗效

　　进一步的研究发现,饱和富氢溶液可通过抗氧化、抗凋亡、调节炎症因子释放,对糖尿病周围神经病变产生保护作用,进而起到促进糖尿病康复的作用。饱和富氢溶液可下调糖尿病大鼠肾脏组织表达,减轻炎症反应,延缓肾脏纤维化,

起到肾脏保护作用。从目前糖尿病及其并发症的机制研究发现,氧化应激是其发生发展的重要机制之一,两者间存在密切联系。采用氢作为合理的抗氧化手段,进行糖尿病的抗氧化治疗已逐渐成为新的研究方向。目前氢对糖尿病及其并发症的生物学效应研究仍主要处于动物水平或细胞水平,但未来应用前景广阔。

帕金森病是一种常见于中老年人群的神经系统变性疾病,临床表现为静止性震颤、肌强直、运动迟缓和姿势步态异常。近年来,通过氢气减轻氧化应激损伤在帕金森病的治疗中越来越受到人们的重视。

国外医学团队对帕金森病的研究也显示,连续饮用富氢水可以减少神经毒性,改善帕金森病患者症状(见表3-1),提高患者的生活质量。

表 3-1 帕金森病患者治疗前后帕金森病评价量表、日常生活能力量表评分比较

组 别	帕金森病评价量表		日常生活能力量表评分	
	治疗前	治疗后	治疗前	治疗后
氢水组	57.68 ± 5.80	43.45 ± 2.90	31.75 ± 4.55	48.13 ± 3.03
对照组	59.12 ± 6.53	58.39 ± 4.32	45.34 ± 3.19	47.38 ± 3.24

阿尔茨海默病是一种常见的神经退行性障碍疾病,近年来,阿尔茨海默病发病率呈急剧上升趋势。其发病原因可能是氧化应激损伤抑制了海马神经元再生,影响了人的认知功能和学习过程。研究发现富氢水可以显著改善患有阿尔

茨海默病雌性小鼠的认知功能,降低氧化应激及炎性反应水平,并可逆转患有阿尔茨海默病雌性小鼠受损的脑中雌激素水平,从而促进脑源性神经营养因子的表达。对患有东莨菪碱所致痴呆的大鼠以进食的形式饲喂氢气,发现大鼠的空间记忆功能损伤得到了明显的修复,大鼠的氧化应激水平下降,表明氢气具有显著的缓解痴呆的功效,有助于恢复认知功能。

氢气与癌症

在医学上,癌是指起源于上皮组织的恶性肿瘤,是恶性肿瘤中最常见的一类。癌症的高发病率和高病死率给全世界带来了沉重的医疗负担,而且缺乏治愈恶性肿瘤的有效方法,如何预防肿瘤和延长肿瘤患者生存期是医学界的首要目标。氢医学的诞生,给癌症的预防和治疗开辟了一条新的道路。

氧化应激与恶性肿瘤的发生和发展密切相关,活性氧自由基破坏 DNA、蛋白质和细胞膜脂质,是细胞癌变的诱因。基于选择性抗氧化作用,氢气在预防肿瘤发生方面有明显的效果。富氢水的摄入可以有效降低氧化应激指标,进而显著降低肝癌发生率,起到预防肿瘤发生的效果。长期对大鼠注射富氢水,可以有效抑制肾脏组织的炎症反应和巨噬细胞的聚集,而且还使血管内皮生长因子表达、磷酸化水平和增殖细胞核抗原的表达受到抑制,降低大鼠肾细胞癌的发生率,并能抑制大鼠肿瘤的生长。氢气选择性地与活性氧自由基反应,减轻了细胞的染色体损伤,并且能抑制与肿瘤相关信号通路的异常活化,使共济失调毛细血管扩张突变基因能够及时修复染色体损伤,从而抑制肿瘤细胞的恶性增殖。

在治疗方面,氢气可以通过调控通路,阻断癌细胞生长,起到对癌细胞生长的抑制作用,抑制癌细胞增殖,促进癌细胞凋亡,进而实现对癌症的治疗。暨南大学徐克成教授在他的著作《氢气控癌——理论和实践》中介绍了氢气治疗癌症的一些临床实录。通过对82例癌症患者为期3～46个月不等的随访,徐克成发现,每天吸氢时间不少于1.5小时,连续吸3个月氢气后,癌症患者食欲、睡眠等生活质量有明显改善,不同肿瘤类型患者体能改善状况不同,其中肺癌患者效果最好,妇科肿瘤及胰腺患者效果最差。在肿瘤标记物方面,呈现相同的趋势:肺癌患者肿瘤标记物下降率最高,达到75%;疾病控制上,肺癌控制率最高,大于78.9%,胰腺癌最低,为20%,而且,Ⅲ期病患的控制率高于Ⅳ期。根据临床观察,徐克成认为吸入氢气能有效控制癌症进展,改善患者体能状况。

肺癌研究中的结果显示,氢气具有促进肺癌细胞凋亡、抑制其增殖的能力,能够对癌细胞的增殖扩散起到抑制作用。高浓度的氢气可造成特定蛋白在肺癌细胞转移瘤组织及肺癌细胞株中表达的上升,提示氢气有可能通过升高特定蛋白表达量发挥其促进肺癌细胞凋亡,抑制其增殖的作用。氢气的干预可明显抑制肺癌细胞增殖、转移和侵袭能力(见图3-27),并诱导癌细胞凋亡,增强巨噬细胞对肺癌细胞的吞噬作用。氢气干预治疗与顺铂(一种含铂的抗癌药物)治疗效果一致,均可明显缓解肿瘤组织细胞异质。氢气的干预不会造成正常肺组织形态发生病理改变,但可使移植瘤组织中血管内皮生长因子、SMC3及环氧化酶蛋白的表达降低。SMC3在肺癌组

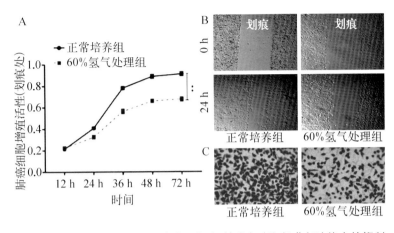

图3-27　氢气处理对肺癌细胞增殖（A）、转移（B）和侵袭（C）能力的抑制作用

织中表达量高于癌旁正常组织,使用氢气后可降低肺癌组织中SMC3的表达,对治疗癌症起到了促进作用。

对结直肠癌荷瘤小鼠肿瘤的生长研究表明,在使用富氢水后,小鼠肿瘤的形成被抑制,而且富氢水减小了肿瘤体积和质量,促进肿瘤细胞凋亡,可调节相关基因的表达。对肝癌细胞使用氢气疗法进行干预,结果表明氢气可以抑制肝癌细胞的干性:一方面,氢具有促进肝癌细胞凋亡的作用和抑制细胞迁移与浸润的效果;另一方面,氢对细胞内中间丝波形蛋白的表达也具有抑制作用,降低了细胞波形蛋白的表达。氢气联合巨噬细胞可以使乳腺癌细胞活力降低,癌细胞凋亡增加,且氢气联合巨噬细胞能抑制乳腺癌细胞生长,对治疗乳腺癌有一定的效果。

即使到今天,手术、化疗和放疗仍然是肿瘤治疗的主要手段,传统的放化疗给患者带来的严重不良反应仍然存在。在氢气抗肿瘤领域，氢气能发挥的另外一个功效就是对肿瘤放化疗后的患者进行减毒。本章开始时提及的诺尔登瑙洞窟中神奇的泉水，就是因为泉水中含有大量氢气，对遭到了放射线损伤的儿童起到了有效的治疗效果，从而保住了他们的生命。国外科学家的相关研究表明，氢气是一种有效、安全的辐射防护剂，可显著抑制电离辐射诱导的肠上皮细胞凋亡，提高淋巴细胞内源性抗氧化剂水平，缓解辐射引起的白细胞和血小板的耗竭，从而促进放射性损伤后的恢复。

日本科学家进行氢气干预调强放疗的回顾性研究，在2015—2016年间共纳入了26例晚期癌症患者，发现每天固定吸入氢气可以显著改善患者调强放疗引起的骨髓损伤，且对放疗的疗效没有影响。美国匹兹堡大学的研究者招募了49例肝癌患者，在放疗后接受共计6个星期的富氢水摄入，这些患者每天分多次摄入1.5～2.0 L富氢水。结果发现，在饮用6个星期富氢水后，患者的生活质量评分显著提高。放疗通过高能射线杀死肿瘤细胞，但同时对病灶周围组织的正常细胞造成伤害，氢气的抗氧化作用机制明确，用于辅助放疗能起到很好的增效减毒作用，同时氢气相比其他辅助治疗手段具有安全性高、使用简便等优点（见图3-28）。

人体内存在的内源性自由基，主要包括一些酶类和非酶类抗氧化物质，可以在一定范围内清除体内部分多余的自由基，但无法清除细胞毒性最强的活性氧自由基。氢被作为外源性的羟自由基清除剂，为癌症治疗提供了一种新方案。目前还原性抗肿瘤药物已成为解决恶性肿瘤的新型治疗途径之一，氢气预防治疗癌症的研究也成为新的研究热点。基于氢

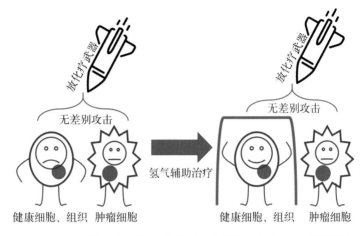

图3-28　氢气辅助治疗在放、化疗过程中为健康细胞、组织构筑屏障

气的生物安全性，许多癌症患者自愿选择了氢气辅助治疗，其中大部分都取得了理想的效果。相信随着氢在癌症领域研究的全面深入，氢将在癌症辅助治疗和全面治疗方面产生革命性影响。

氢气与抗衰老

　　长期以来，各国科学家对人为什么会衰老进行了大量研究。任何一个生物体的生长过程都需要物质和能量的代谢，在代谢过程中，则会产生活性氧自由基。这些活性氧自由基能加速细胞衰老，使人体逐步老化，这是引起人体衰老的主要原因。氢气具有清除活性氧自由基的作用，通过清除体内过多的活性氧自由基可以减缓衰老，甚至实现延长寿命的功效。

　　研究发现在使用富氢水灌胃治疗后，氧化应激损伤导致的视网膜衰老的大鼠中DNA修复相关蛋白相对表达量显著升高,表明氢可以通过抑制氧化应激诱导的DNA损伤减弱视网膜衰老,提示氢气具有显著抗衰老的功效。

人体的衰老一般从皮肤的衰老开始,皮肤衰老的根源在于胶原的老化。纤维细胞生命力决定胶原的活力,充满活力的胶原可以使真皮层丰满、有弹性,否则皮肤就会因缺乏弹性而发生松弛和下垂。氢气可以有效抑制纤维细胞凋亡,提高纤维细胞生命力,起到抗皮肤衰老的作用。

氢医学天空的"两朵乌云"

人类对于氢气生物医学效应的认知经历了一个"从0到1"的巨大转变,随着氢气医学研究的不断发展,人们越来越多地发现氢气生物医学的神奇效果,在氢气治疗的疾病种类和临床研究等方面都取得了很大进步,大量临床实验收集了大量研究数据,结果均显示氢气对人体健康有着积极的改善作用,同时也证实了氢气的生物学效应。

然而这些疾病的发病机理完全不同,氢气究竟为什么能够具有这种积极的生物医学效应,在学术界也还尚未有明确的定论。而且由于氢气独特的性质以及现有的技术水平,当前对氢气剂量效应的研究还不够深入,更加全面完整的氢气剂量效应研究有待建立。完整的氢气剂量效应研究和氢气生物医学效应的确定理论机制仍然是悬在氢医学天空的"两朵乌云"。未来,这两个方面将是氢医学的关注重点(见图3-29)。

图3-29　氢医学天空的"两朵乌云"

氢气剂量效应研究

根据供氢方式的不同,氢气使用的形式多种多样,如吸入氢气、饮用氢水、氢水沐浴、固态储氢、细菌产氢等。虽然供氢方式不同,但归结到底,所有不同的方式都是要实现将足够多的氢气运送至指定区域。气态用氢和液态用氢,如直接吸入氢气和饮用氢水,由于氢气极易扩散,吸入和饮用的方式很难保证定量靶向供氢到患处。为了保证氢气的效果能够发挥,往往需要增大氢气、氢水的量。也正是由于氢气的定量靶向传输难以实现,导致氢气剂量效应研究还不够深入,完整的氢气剂量效应研究一定是未来氢医学一个重要的研究方向。

显然,找到合适的供氢载体,实现定量靶向供氢是氢气剂量效应研究的首要任务。固态用氢方式给定量靶向供氢提供了合理的解决方案,通过固态储氢材料将氢运输到所需部位,并在指定时间内释放,可实现氢气的定量靶向释放。只有研

神奇的氢科学

究清楚氢气的剂量效应,才能指导我们更加科学合理地使用氢气,结合不同用氢方式的优势和特点,选择最合理的用氢方式,达到最佳用氢效果。

氢医学理论机制研究

在研究了氢气剂量效应的基础上,还要进一步研究氢气生物医学的理论机制。虽然目前还不能确定氢气是一种药剂,但已经发现氢气对多种完全不同病理的疾病都具有明显的治疗作用。只有深入地研究氢气的作用机制,从分子、原子、离子的角度去研究、理解氢气的作用基础,建立理论解释氢气的生物学效应,才能使我们对氢医学有更准确更全面的认识,这也是正确使用氢气和寻找提高氢气效果策略的重要途径。氢医学机制的研究深度是氢气医学理论高度的体现,也是氢气医学研究繁荣发展的标志,更是氢气医学成熟的基础。

在最新的氢气医学研究中,科学家也一直在探寻氢气作用于生物体后产生作用的靶点。现有研究成果证实氢气能够清除自由基,消除炎症,并且减缓细胞凋亡;但自由基、炎症以及细胞都并不是氢气在生物体的第一作用靶点。或许找到了氢的作用靶点,氢医学的作用机制也就真相大白了。

▌▎▏ 新型生物医用镁氢材料

生物医用镁氢材料(见图3-30)是一种新型安全高效的生物医用载氢材料,可以实现将氢存储于固态材料中,具有极高的储氢密度。生物医用镁氢材料在进入人体后,遇到体液

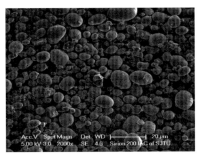

图3-30　生物医用镁氢材料的宏观形貌和微观形貌

时,会缓慢释放出氢气,释放出来的氢气纯度可达99.999%以上,使得氢气高效进入人体。最重要的是,生物医用镁氢材料具有良好的生物安全性,无毒无害,不具有生物毒性,也没有潜在的细胞毒性,对生物体不会产生任何毒副作用。生物医用镁氢材料不属于皮肤刺激物,因此不会导致皮肤过敏,也不会引起身体其他部位的刺激反应。

生物医用镁氢材料的氢化程度高,载氢质量密度超过6 wt%,载量效率高。生物医用镁氢材料稳定性较好,通过对其进行等离子辅助、气相合金化、原位钝化等表面处理,可以使其具有更多特殊性质,例如可以实现长期连续缓释可控放氢,实现自识别靶向放氢。由于生物医用镁氢材料实现了对氢释放的定向控制,使得用氢方式更加多样,用氢过程更加便捷,从而真正使氢入药、氢成药成为现实。

生物医用镁氢材料具有良好的抗炎功效。复旦大学华山医院以生物医用镁氢材料为原料,通过纳米技术均匀分散制备了纳米凝胶缓释给药制剂,并作为患有银屑病的小鼠的治疗手段。临床试验表明:患病小鼠皮肤银屑病症明显减弱,部分皮肤恢复如初(见图3-31)。生物医用镁氢材料释放的氢可以抑制炎症反应,初步验证了其对银屑病治疗的有效性。

用药前

用药后

图3-31 使用生物医用镁氢材料前后小鼠银屑病情况照片

生物医用镁氢材料同时还具有良好的抗菌功效。上海交通大学药学院系统研究了生物医用镁氢材料的抗菌作用:在对厌氧菌——阴道加德纳菌的研究中发现,在含有阴道加德纳菌的培养液中通入氢气,发现培养液明显变得澄清,阴道加德纳菌含量明显下降;而在含有阴道加德纳菌的培养液中加入生物医用镁氢材料,发现培养液也明显变得澄清,阴道加德纳菌含量也出现大幅度下降(见图3-32)。实验结果表明,生物医用镁氢材料能够有效杀死厌氧菌(阴道加德纳菌)。类似的研究实验结果也表明生物医用镁氢材料对人体内的大肠杆

| 对照组
空白 | 1 mg/mL
MgH_2 | 2 mg/mL
MgH_2 | 50 L/h
H_2 | 150 L/h
H_2 |

图3-32　使用生物医用镁氢材料前后含有加德纳菌培养液的照片

菌有显著的抗菌作用,可见生物医用镁氢材料具有良好的抗菌功效。

　　生物医用镁氢材料同时还具抑制肿瘤细胞生长的功效。在对形成肿瘤组织的小鼠饲喂生物医用镁氢材料后,可以观察到小鼠的肿瘤组织出现明显的减小(见图3-33),说明生物医用镁氢材料可以有效抑制肿瘤组织生长,抑制肿瘤的原因可能是氢的摄入影响了糖代谢及促肿瘤细胞凋亡的信号通路机制。

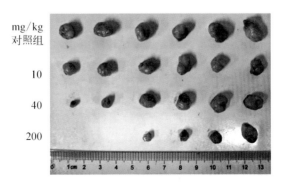

图3-33　使用生物医用镁氢材料后小鼠体内肿瘤的照片

在体外肿瘤细胞生长实验中，选用HCT116细胞、RKO结肠癌细胞、Hela宫颈癌细胞、HT1080纤维肉瘤细胞，在其生长过程中加入生物医用镁氢材料，可以看到各种肿瘤细胞的活性都出现了明显的降低，可见生物医用镁氢材料能够对肿瘤细胞的生长起到良好的抑制作用（见图3-34）。生物医用镁氢材料进入生物体内后释放出氢，可清除自由基，抑制肿瘤组织生长。氢的干预可能影响了糖代谢并促进了肿瘤细胞凋亡，起到了有效抑制癌细胞生长的作用。

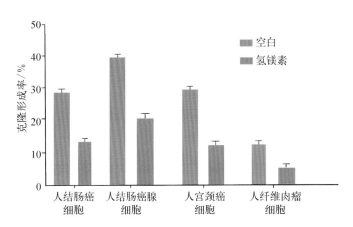

图3-34　使用生物医用镁氢材料后体外肿瘤细胞生长情况

此外，生物医用镁氢材料还具促进组织器官损伤恢复的功效。对肾损伤的小鼠饲喂生物医用镁氢材料，可以明显缓解肾小管损伤和纤维化进展，并抑制结石形成（见图3-35）。当生物医用镁氢材料进入人体后，通过长效缓慢释放出氢气，可以有效改善LPS与PM2.5导致的支气管上皮细胞和肺泡上皮细胞的生长抑制作用，恢复组织细胞增殖活力。对急性肺

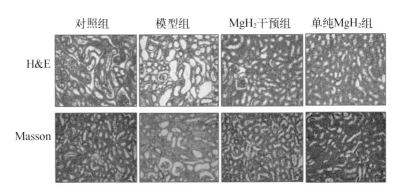

图3-35　使用生物医用镁氢材料饲小鼠的肾小管形貌变化

损伤小鼠模型的研究发现,生物医用镁氢材料的干预可以显著减轻急性肺损伤病理变化,减少炎症,降低气道阻力,促进肺损伤恢复。

　　固态用氢方式(生物医用镁氢材料),能够实现定点靶向缓释放氢,针对患处定向供氢,发挥清除活性氧自由基、抗炎、抗细胞凋亡的作用,对治疗和缓解多种疾病有积极的促进作用,未来在氢医学领域一定大有可为。

第 **4** 章

氢农学：开启绿色农业的一把金钥匙

　　氢元素是最轻的元素，因此排在化学元素周期表的第一位，同时它也是宇宙中含量最多的元素，约占宇宙质量的75%，人体中63%的元素都是氢。在远古时代，地球的二氧化碳浓度很高，但同时也含有高达40%的氢气。在这样高氢、高二氧化碳的环境中，增加了产生有机化合物和碳基生命的可能性。本章将从一个全新的角度，带你走进一个绚丽多姿的氢气生物学世界——氢农学。

氢气的地球生物化学循环

　　在地球大气中，氢气是除了甲烷之外含量最丰富的还原性气体。虽然氢气在大气层中的含量较低（平均浓度约为22 nmol/L），但是其在维持地球大气的氧化还原状态中具有十分重要的作用。过去的学术界认为，氢气在地球大气层中的流动处于一种平衡的状态。近些年来，随着氢气被大规模的用于工业生产及航天航空领域，这可能会改变大气层中氢气的动态

平衡,进而使大气层的氧化能力发生变化。尽管已经初步确定
了主要的氢气产生来源和氢汇(hydrogen sink),但是凭借当前的
科技水平仍不能完全了解地球大气层中氢气动态分布的规律。

下面将主要介绍地球环境中产生的氢气沿着特定路线的
运动,包括由周围环境进入生物体,最后回到环境中的循环运
动过程,即神奇的氢气地球生物化学循环(见图4-1)。

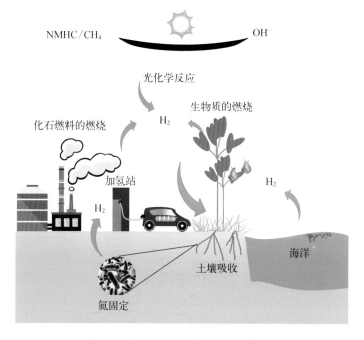

图4-1 神奇的氢气地球生物化学循环

环境中的氢气

空气中的氢气

氢气在空气中的时间和空间分布呈现出一种年变化的

波动趋势,学术界普遍认为这种波动与微生物的代谢密切相关。其中,微生物参与的土壤吸收的氢气大约占全球氢汇的80%,而温度对土壤中参与氢气吸收的微生物具有显著的影响。

地球的对流层是最接近地球表面的一层大气,集中了约75%的大气质量和90%以上的水汽质量。统计数据显示,北半球是空气中氢气的主要来源,但是北半球空气中氢气的本底浓度显著低于南半球。有趣的是,对流层中氢气的分布存在一种季节性的规律,即全球对流层中氢气的浓度在夏末时有最小值,而在春天则达到最大值。相较于南半球,这种季节性的差异在北半球更加明显。南北半球极不平衡的大陆面积是造成上述氢气非典型分布的主要原因。例如,与南半球相比,北半球的大陆面积更大,这就使得北半球由土壤带来的氢汇远高于南半球。总而言之,土壤对全球氢气的时空分布具有重要的影响。

氢气在大气中的垂直分布较为稳定。平流层和对流层中氢气的混合比(大气中各气体成分的含量相当于干空气的比)并不存在显著的差异。研究显示,氢气可以被羟自由基(·OH)和单线态氧氧化,其中羟自由基主要分布在对流层,单线态氧则主要存在于平流层。

土壤中的氢气

广泛分布微生物的土壤是氢气交换的重要场所。土壤吸收氢气具有一定的普遍性,在干旱土壤、耕地和森林土壤中都已经监测到了氢气的吸收。但是相比于连续分布的大气,土壤的理化性质在地理分布上具有更多的不均一性,这也使得土壤中的氢气代谢更难被监测。

　　土壤环境中氢气的分布受多种环境因子的影响,其中含水量就是一个重要的影响因子。根据现有的调查报告,当土壤含水量在6%～20%时,土壤对氢气的吸收效果较好。与土壤含水量相关的是土壤的孔隙程度。有研究发现,草地中氢气的吸收与水分的蒸发显著相关,这可能是由水分的蒸发使土壤的孔隙程度增加所导致的(见图4-2)。

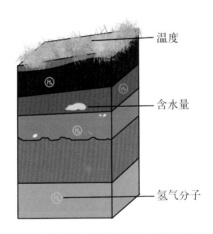

温度

含水量

氢气分子

图4-2　环境因子对土壤环境中氢气分布的影响

　　温度也是影响土壤中氢气分布的重要因素。大多数研究指出,土壤对氢气的吸收在一定范围内与温度呈正相关。一般来说,当温度低于零下15 ℃时,土壤就失去了吸收氢气的能力。同样,当温度高于60 ℃时,绝大部分土壤也失去了吸收氢气的特性。

　　水体中的氢气

　　在20 ℃时,在一个标准大气压下,每升水最多可以溶解

神奇的氢科学

0.8 mmol的氢气。但是在自然的水体环境中,溶解氢气的浓度远低于这一数值。从现有的监测数据来看,湖泊中溶解氢气的浓度范围为0.4～3.5 nmol/L。

与氢气在空气中的时间分布相类似,水体环境中溶解的氢气浓度也存在一种周期波动的规律,但这种波动周期大多按日计。有趣的是,这种波动的波峰和波谷在不同的水体环境也并不尽相同。例如,大西洋水体环境中的溶解氢气的浓度在白天达到最大值,这可能和参与固氮的蓝细菌(蓝藻)有关。众所周知,蓝细菌是植物界的先驱,也是地球上最早的拓荒者,蓝细菌与其他光合细菌最大的区别:其他光合细菌在光合过程中不会放出氧气,而蓝细菌却能不断地往空中释放氧气。此外,蓝细菌还能通过固氮作用产生氢气。值得关注的是,部分湖泊水体环境中的溶解氢气的浓度在夜间达到高峰,这可能是因为水体环境中的光合硫细菌对溶解氢气的贡献。光合硫细菌进行光合作用的原料一般是硫化氢或者其他的有机化合物,进行光合作用的结果是产生了氢气(暗反应),分解了有机物,同时还固定了空气的分子氮生成氨。因此,光合细菌在自身的同化代谢过程中,能完成产氢、固氮和分解有机物三个自然界物质循环中极为重要的化学过程。

水体是多种气体进行交换的场所,氢气也不例外(见图4-3)。根据调查,淡水湖泊中超过70%的氢气排放与植物相关,但是在全球范围内,依赖于植物的氢气排放微乎其微。与水体表面相比,水体底部的沉积物显现出完全不同的理化特征。水体沉积物内部的环境与周围的水体环境相差较大,

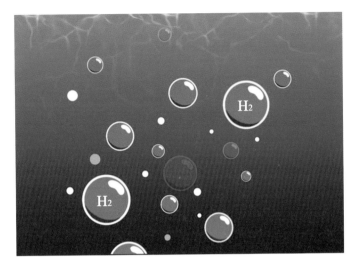

图4-3　水环境中氢气的分布

因此水体沉积物具有自己独特的微生物群落结构,这些微生物可以对沉积物中的有机物进行发酵并产生氢气。现有的研究发现,沉积物中溶解氢气的浓度比周围的水体环境要高出3～4个数量级。有趣的是,水底沉积物并不是水体环境中氢气的主要来源。水体环境和沉积物-水界面之间也没有明显的氢气浓度差,这可能是因为沉积物中因微生物代谢而产生的氢气大部分在沉积物内部进行循环,在氢气到达沉积物-水界面之前就被氧化了。

氢气循环

氢气循环与生物圈中的水循环、碳循环、硫循环和磷循环等其他循环有机结合,共同参与了生物地球化学循环。空气、水体和土壤是氢气循环的主要场所。伴随着氢经济的发展,人类的生产活动对氢气循环的影响越来越大。近年来,伴随着氢气呼吸机和氢水机等一系列医用和农用氢产品的研发使用,氢气循环与人类生活的联系变得更加紧密。

1)氢排放

甲烷和非甲烷碳氢化合物光化学氧化的氢排放

甲烷和非甲烷碳氢化合物(non-methane hydrocarbon,NMHC)的光化学氧化是大气中氢气最主要的来源。空气中的甲烷会发生光化学反应生成甲醛。甲醛的化学性质十分活泼,空气中的甲醛在几小时之内就会与空气中的羟自由基发生反应并产生氢气。据研究,湿地中微生物和反刍动物的肠道发酵以及生物质的燃烧是空气中甲烷的主要来源。

非甲烷碳氢化合物又被称作非甲烷总烃,其被定义为从总烃测定结果中扣除甲烷后的剩余值。通常来讲,非甲烷碳氢化合物可以被认为是除甲烷以外的所有碳氢化合物(烃类)。与甲烷相比,非甲烷碳氢化合物有更高的光化学活性,是形成光化学烟雾的前体物,其种类很多,其中排放量最大的是由自然界植物释放的萜烯类化合物。人类的活动也可以产生一定量的非甲烷碳氢化合物,例如在城市地区,非甲烷碳氢化合物的主要来源是汽车尾气。活泼的非甲烷碳氢化合物一旦被排放到大气中,在数小时之内就可以被臭氧和羟自由基等物质氧化进而产生甲醛等次生有机气溶胶,产生的甲醛可以进一步发生光化学氧化,从而产生氢气。

工业、化石燃料和生物质燃烧的氢排放

工业生产对空气中氢气的贡献也不可忽视,例如大量生产的氢气被用于冶金（见图4-4）、石油、制药和电子工业。化石燃料的燃烧是空气中氢气的另一重要来源。城市地区上空氢气浓度的变化遵循双峰日变化周期，这一变化规律可能与上午和下午的交通高峰相关。与化石燃料的燃烧类似，生物质的燃烧也会影响氢气、甲烷、二氧化碳和一氧化碳等气体在大气中的混合比。以往的统计数据显示，这些微量气体的全球含量出现了两次高峰，这与1994—1995年和1997—1998年期间发生的严重森林火灾是相对应的。

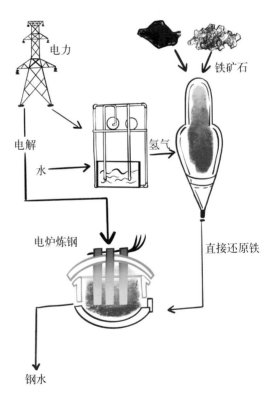

图4-4　冶金工业中的氢气

海洋氢排放

大西洋和地中海的水体监测报告显示，氢气在海水表面的浓度较高。随着水体深度的增加，在一定深度内海水中溶解氢气的含量则呈现下降的趋势。

进一步的研究显示，水体中溶解氢气的分布与微生物的代谢具有显著的相关性。与复杂的陆地生态系统相类似，海洋生态系统的复杂性也决定了氢气在海水中的分布是不均匀的，因此很难准确地估算其对氢气全球排放量的贡献。假设表层海水中氢气的分布都是均匀且过饱和的，那么海洋排放的氢气将会占氢气全球排放量的6%。总而言之，面积巨大的海洋也是环境中氢气的来源之一。

植物与微生物的氢排放

早在20世纪30年代人们就先后在细菌和绿藻中观察到了氢气产生和释放的现象，进一步的研究发现植物和微生物产氢主要依靠氢酶和固氮酶。

类似于叶绿素化学结构中的镁离子，氢酶的活性中心也有金属辅基。根据活性中心金属原子的不同，氢酶可以分为［Ni-Fe］氢酶、［Fe］氢酶和［Fe-Fe］氢酶。氢气也是固氮反应的副产物之一。固氮反应普遍存在于豆科植物的根瘤中。每公顷豆科作物的固氮重量约为每季200 kg，上述过程产生的氢气的体积约为240 000 L。除了豆科植物的根瘤外，氮固定也普遍存在于一些特定的微生物群落中。固氮酶是一种将大气中的氮气转化为氨的酶，它对生物圈的氮循环和维持生命的可持续性具有重要意义。氮气分子三键的还原反应对反应条件要求极其严格，是一个完全由特定细菌和古生菌所承担的生物化学过程。所有的固氮微生物都会合成一种钼固氮酶,它的活性部位有一种独特的钼铁辅因子。钼固氮酶催化的总反应为 $N_2 + 16ATP + 8e^- + 8H^+ \rightarrow 2NH_3 + H_2 + 16ADP + 16Pi$,钼固氮酶每固定 1 mol 氮气就可以产生 1 mol 氢气。

20世纪80年代研究发现,棕色固氮菌(*Azotobacter Vinelandii*)可以表达不含钼的固氮酶,这促成了钒和铁固氮酶的发现。根据最近的研究,替代钼固氮酶催化的反应如下:

铁固氮酶: $N_2 + 40ATP + 20e^- + 20H^+ \rightarrow 2NH_3 + 7H_2 + 40ADP + 40Pi$

钒固氮酶: $N_2 + 24ATP + 12e^- + 12H^+ \rightarrow 2NH_3 + 3H_2 + 24ADP + 24Pi$

这三种固氮酶都会产生氢气,这是固氮的固有产物。基于固氮酶可以产生氢气的发现,科学家提出了将固氮酶用作生物燃料的想法。

2)氢汇

氢汇这一概念类似于碳汇,是指将环境中的氢气进行固定。环境中的氢气不断循环往复,参与地球生物化学循环。土壤吸收的氢气大约占环境氢汇的80%,剩余的20%则由羟自由基介导的氧化反应消耗。

土壤是氢气生物地球化学循环中的重要节点,也是大气中氢汇的主要来源。土壤中的微生物是土壤吸收氢气的关键。对土壤进行热灭菌后,土壤甚至会完全丧失吸收氢气的能力。实验表明土壤中微生物或对土壤吸收氢气的能力贡献巨大。最新的研究表明,氢气是需氧细菌的生命线,进而可能也是地球所有生命活动不可缺少的生命线。

羟自由基介导的氢气氧化反应大约占全球氢汇的20%。在一氧化氮污染程度低的大气中,氢气的氧化可以引起臭氧的消耗;而在一氧化氮污染程度高的大气中,氢气的氧化则可以产生臭氧。

方兴未艾的氢农学

氢农学的诞生

氢气是一种无色无味的双原子气体分子,最初氢气是被认为不具备生理功能的。1975年,科学家发现高压氢气可以明显改善小鼠皮肤癌的症状,但当时氢气具有生物学效应的可能性并未引起科学家们足够的重视。上述情况一直持续到2007年,日本科学家太田成男(Shigeo Ohta)团队在医学研究中发现,氢气可以通过选择性清除有害自由基,缓解大鼠动脉缺血再灌注导致的氧化损伤。这一发现引起医学界的轰动,并引发了相关的医学理论和临床研究热潮。

同样,在植物学的相关研究中,早在1964年,美国科学家G.M. 伦威克(G.M. Renwick)等就发现外源氢气可以提高冬黑麦种子的发芽率,但相关的机理研究一直停滞不前。21世纪初,加拿大华裔科学家提出了"氢肥"的概念,指出氢气可以直接作用于土壤,影响土壤微生物的数量、种类以及比例,从而影响植物的生长发育和产量。但是,上述研究并没有明确指出氢气是否可以直接影响植物的生长发育和对胁迫的耐性/抗性。2012—2013年,中国科学家发现富氢水(氢气的水溶液形式;特别需要注意的是氢气难溶于水,并非是不能溶于水)可以直接影响胁迫对植物生长发育的干扰,包括缓解百草枯(一种灭生性除草剂,现在已经被禁用)对紫花苜蓿(一种牧草)生长的抑制。此后,科学家不断探寻氢气对植物生长发育的影响以及相关的生物学基础,并逐步形成了基于氢气的农业效应及其分子机理研究的新学科,即"氢农学"(见图4-5)。

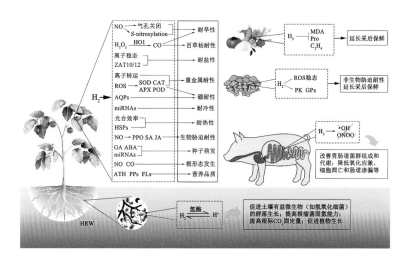

图4-5 氢农学及其生物学基础

(ABA, abscisic acid, 脱落酸;APX, ascorbate peroxidase, 抗坏血酸过氧化物酶;AQPs, aquaporins, 水通道蛋白;ATH, anthocyanin, 花青素;C_2H_4, ethylene, 乙烯;CAT, catalase, 过氧化氢酶;CO, carbon monoxide, 一氧化碳;FLs, flavonoids, 类黄酮;GA, gibberellin, 赤霉素;GPx, glutathione peroxidase, 谷胱甘肽过氧化物酶;HO1, heme oxygenase 1, 亚铁血红素加氧酶1;H_2O_2, hydrogen peroxide, 过氧化氢;HSPs, heat shock proteins, 热激蛋白;JA, jasmonic acid, 茉莉酸;MDA, malondialdehyde, 丙二醛;miRNAs, microRNAs, 微核糖核酸;NO, nitric oxide, 一氧化氮;PK, pyruvate kinase, 丙酮酸激酶;POD, guaiacol peroxidase, 过氧化物酶;PPs, polyphenols, 多酚;PPO, polyphenol oxidase, 多酚氧化酶;Pro, proline, 脯氨酸;ROS, reactive oxygen species, 活性氧;SA, salicylic acid, 水杨酸;SOD, superoxide dismutase, 超氧化物歧化酶;S-nitrosylation, 亚硝基化;ZAT10/12, zinc-finger transcription factor 10/12, 锌指转录因子10/12)

氢农学的生物学基础

目前，起步较晚的氢农学研究正在不断取得进展，已经发现外源施用氢气可以增强农作物、牧草、蔬菜和水果应对多种来自生物（主要是指病虫害）或环境因素的不利影响（非生物胁迫）的能力，调节植物和微生物的生长发育，促进植物种子萌发和根系形态建成，改善农作物品质，延长果蔬的货架期以及切花的保鲜等。现有的研究发现，氢气在植物的不同生长阶段均能发挥重要的调节功能。

1）氢气调节植物的生长发育

水稻种子的萌发过程中，氢气可以影响植物激素（赤霉素等）的含量，从而缓解铝对种子萌发的抑制作用，并促进幼苗的发育。

在植物的生长过程中，氢气还可以促进植物根的形态建成（见图4-6）。根系的发育对植物无性繁殖和枝条扦插等过程至关重要，根系参与了植株固着以及水分和营养元素的吸收，发育良好的根系可以增大植物的表面积和吸收能力。研究发现，生长素（一

图4-6 氢气调节植物根系生长

种植物激素）可能参与了外源氢气促进的黄瓜外植体不定根发生，且上述效应至少部分与其对血红素加氧酶（HO）信号的调控有关。生长素还能诱导拟南芥（一种重要的模式生物，常用于植物和农业领域的研究）氢气的产生，从而促进幼苗侧根的发生。进一步的遗传学实验证明，植物自身的硝酸还原酶（一种可以同时负责植物一氧化氮信号合成和氮同化途径的关键酶）所产生的一氧化氮（另一种重要的气体信号分子）参与了氢气诱导侧根发生的过程。

2）氢气增强植物对逆境的抵抗能力

环境是影响植物生长的重要的因素之一。很多环境并不利于植物生长，这些对植物生存和生长不利的环境因素的总称是逆境，或者叫作环境胁迫，例如盐害、涝害、干旱、重金属胁迫和极端温度等。氢气可以提高植物对多种逆境的抵抗能力，目前氢气已经被证实的抵抗能力包括应对干旱、盐害、金属离子污染、冷害以及曾经广泛使用过的一些农药等（见图4-7）。

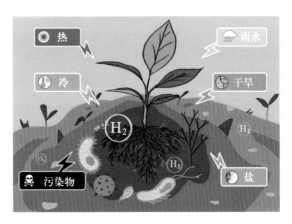

图4-7　环境胁迫对植物的影响

　　众所周知的是，干旱和渗透胁迫会抑制农作物正常生长，使得农业产量下降，其中干旱是目前导致农作物减产的最大的非生物胁迫。南京农业大学科学家们发现，外源施用氢气（以富氢水的形式）可以减小拟南芥叶片的气孔开度，减缓植物的失水过程，增强植物耐旱性；当使用基因操作等手段验证氢气的生物学功能时，研究结果还发现拟南芥内源的活性氧参与了氢气诱导气孔关闭的过程，这与氢医学中的选择性抗氧化机制是不同的，它揭示了氢气生物学机制的复杂性。在紫花苜蓿中进行相似的实验，观察到外源施用富氢水可以缓解干旱胁迫和渗透胁迫对紫花苜蓿幼苗生长的抑制，过氧化氢（信号分子）和一氧化碳（一种气体信号分子）可以被氢气调控，进而提高植物对渗透胁迫和盐胁迫的耐性。在另外一项研究中，科学家还发现拟南芥硝酸还原酶基因突变后，氢气无法诱导一氧化氮产生，同时也不能关闭气孔，这种现象表明一氧化氮也参与了氢气对植物环境胁迫耐性的调控。一个非常有意思的发现是，依赖于一氧化氮的蛋白质 S-亚硝基化修饰（在植物体内很多蛋白质的功能发挥与被修饰密切相关）可能也参与了氢气提高紫花苜蓿幼苗渗透胁迫耐性的过程。

　　土壤和农化品的金属离子污染（尤其是重金属离子）是农业生产中的难题，重金属含量超标的农副产品会严重危害食品安全和人类健康。同时农业和畜牧业生产过程中所使用的农药和化肥等，非常容易积累重金属，进而导致人们患上各种疾病，例如20世纪日本重金属镉超标的稻米所引起的"痛痛病"。氢农学的出现为改变这一有害现象提供了一条新的思路。

对于植物来说积累重金属离子能力的高低主要与植物细胞所含的金属离子转运蛋白有关。科学研究发现氢气可以降低紫花苜蓿幼苗的镉积累，并减少与镉离子有关的转运蛋白合成，同时提高植物细胞的抗氧化能力，从而缓解镉胁迫带来的氧化损伤。除镉之外，汞也是一种常见的环境污染物，也会严重威胁人类的健康。外源施用氢气可以提高植物对汞胁迫的耐性，同时降低植物汞积累。铝是一种植物生长过程中的非必需元素，随着铝及其合金的广泛使用，铝胁迫的危害性也随之提高，高浓度铝胁迫会抑制植物的生长。研究证明，外源施用氢气可以缓解过量铝对农作物幼苗生长的抑制，同时降低铝积累，其作用机制与氢气可以抑制植物体内一氧化氮的合成有关。

硼元素对植物生长也至关重要，但硼过量会影响植物种子萌发及幼苗生长。研究发现，外源施用氢气可以上调水通道蛋白编码基因的表达，重建氧化还原平衡，从而缓解水稻的硼毒害。

极端温度（高温或低温）会对农作物的生长和产量产生不利影响，因此它也是影响农业生产的重要环境因素。氢气生物学实验研究证明，小RNA（MicroRNA/miRNA，一类长度约为22个核苷酸的非编码单链RNA分子，它们在动植物中参与基因表达与调控）参与了外源氢气缓解冷胁迫对水稻幼苗的伤害。

农业生产上通常用化学农药治理杂草，但化学农药会对农作物生长造成一定的伤害。研究发现，外源施用氢气可以降低使用农药百草枯后导致的植物组织细胞氧化伤害，其作用机制依赖于血红素加氧酶信号。尤其值得关注的是,中国科学院华南植物园科学家发现,氢气不仅可以对抗不利于生长的环境因素,还可以提高植物对病害的抵抗能力。

3)氢气延长果蔬货架期和花卉的保鲜期

果蔬和花卉的季节性和地域性很强,它们在采后贮藏和销售过程中极易萎蔫、腐烂和变质,因此改进它们的储存条件是使人们可以享受反季节和遥远地区果蔬和花卉的重要方式。在有关的研究中,研究人员发现随着果蔬和花卉萎蔫衰老,这些植物产生氢气的能力也逐步下降。因此科学家们尝试使用外源氢气来改变传统的储藏方式,以求为果蔬和花卉提供更多的氢气,从而延长它们的货架期和保鲜期。

猕猴桃在储藏和运输的过程中容易腐烂,这种腐烂过程通常与果实自身的成熟与衰老速度有关。而外源施用氢气可以提高超氧化物歧化酶的活性,使储存环境维持较低的活性氧水平,从而延缓猕猴桃贮藏期间的成熟和衰老过程(见图4-8)。类似地,氢气熏蒸处理(密闭条件下在储存环境中加入氢气)可以通过抑制乙烯(一种与植物成熟和衰老有关的植物激素)

正常放置　　　　　　　　氢气处理

图4-8　氢气对猕猴桃的保鲜作用

合成酶活性,降低乙烯的释放量,有效延长其贮藏周期。最近的科学研究还发现,富氢水浸泡可以延长荔枝的保质期,在较长的储藏期后,荔枝仍然可以保持较好的口感。

亚硝酸盐中最常见的是亚硝酸钠,外观及滋味都与食盐相似,并在工业、建筑业中广泛使用,肉类制品中也允许限量使用亚硝酸钠。但是如果人们摄取的亚硝酸盐过多时,它就会使血液中正常携氧的低铁血红蛋白氧化成高铁血红蛋白,进而使人体失去携氧能力而引起组织缺氧,引发亚硝酸盐中毒,而且亚硝酸盐也是一种被世界卫生组织认定的致癌物质。当果蔬萎蔫衰老、腐烂和变质的时候通常含有较多的亚硝酸盐,尤其是叶类蔬菜。也就是说人们食用果蔬时,亚硝酸盐的含量在一般情况下会随着储存时间的延长而提高。这是由于在储存过程中果蔬自身和它们表面的微生物在代谢过程中不断地积累亚硝酸盐。长期食用亚硝酸盐含量偏高的食品,容易引起亚硝酸盐中毒,并且提高致癌风险,因此降低食物储藏过程中亚硝酸盐的含量也是科学研究所必须面对的重要课题之一。在实验室中,科学家已经发现了外源施用氢气不但可以提高番茄果实的货架期,而且可以降低其储存期间硝酸盐和亚硝酸盐含量的积累。

氢气在食用菌的保鲜应用中也取得了较好的结果。例如,氢气可以增强真姬菇的抗氧化能力,提高其采后品质,延长储存周期。

与食品保鲜类似,采后鲜切花保鲜也是园艺领域的研究热点。近些年的研究表明,内源氢气可以通过调动植物自身的抗氧化防御能力,降低细胞内的活性氧水平,从而延缓花瓣中可溶性蛋白和叶片中叶绿素的降解,进而延长洋桔梗和康乃馨等多种鲜切花的保鲜。

4)氢气在畜牧业中的应用

目前的研究普遍认为,动物体内氢气的产生是肠道微生物发酵的结果,因此氢气也可能在农业养殖业疾病防治中扮演着重要的角色。相关实验证明,外源氢气可以改善仔猪肠道菌群的失衡,改善由有毒细菌引起的仔猪腹泻。此外,科学家还发现,氢气可以改变山羊瘤胃微生物群落的代谢水平。众所周知,畜牧业是农业生产中一个非常重要的方面。近年来非洲猪瘟等多种动物疾病反复冲击全球畜牧业,氢气治疗是否可以作为一种极具潜力的疾病治疗方式或者预防方式,值得进一步的研究。此外,氢气在牧草生产上的应用也为畜牧业的发展奠定了相关的基础。

氢气在农业中的应用形式

富氢水

在氢农业的实践过程中,富氢水(hydrogen-rich water,HRW)是一种方便且安全的使用方式。制备富氢水时(见图4-9),氢气的来源可以是传统上水电解制氢

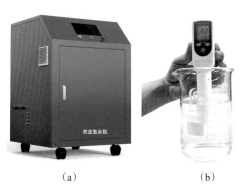

(a)   (b)

图4-9 富氢水的制备

(a)氢气发生器;(b)富氢水检测装置

或高压氢气。但在农业实际使用中,富氢水存在着氢气逃逸速度过快、氢气浓度不可控等缺点,限制了其在农业中的大规模应用。

产氢材料

产氢材料是指一种含氢材料,这种材料遇水或进入土壤与水接触会缓慢释放氢气,例如氢化镁和氢化钙等含氢化合物。目前部分含氢化合物产品已经成功商业化,可以很方便地应用于科研和生产中。上述农业用镁氢材料已应用在切花保鲜的操作中(见图4-10),例如农业上将镁氢材料及某些有机酸共同使用所制备的氢气,可以通过调节康乃馨内源硫化氢(一种气体信号分子)的水平来延长切花保鲜期;将镁氢肥溶于水中,并浇灌水稻,可以用于提高水稻产量。这种农业用产氢材料相较于富氢水,使用方便,浓度可控,且可以通过与其他化学物质复合研制新型肥料和饲料,具有广泛的应用前景。

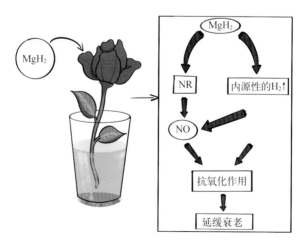

图4-10　NO参与MgH₂延缓鲜切花衰老的模型示意图

值得注意的是,此类材料在农业实践应用中还有很多科学技术问题有待突破,例如阳离子污染和pH等。随着研究和应用的广泛开展,相信很快就能为氢农业的绿色"两料"发展带来新的突破。

生物制氢

当然,从使用最便捷的角度来思考,如果能使农作物自身产生足量的氢气,提高其对胁迫的耐性和抗性,那么自然而然就可以提高农作物的产量和品质。同时,生物制氢也是氢能源发展战略之一。

高等植物的氢代谢对植物的生理过程有明显的影响。研究发现,植物除叶绿体部分具有产生氢气的能力外,植物的无叶绿体部分也具有产生氢气的能力。在高等植物中存在氢化酶活性,氢化酶与线粒体的进化密切相关,并且已证明与线粒体中的线粒体复合物 I 具有同源关系(见图4-11)。此外,从

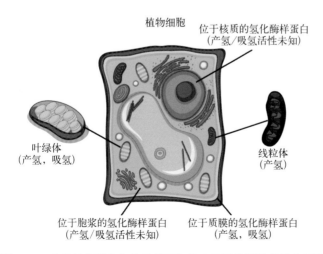

图4-11 高等植物潜在氢化酶的亚细胞定位及其可能的催化活性

整个氢气生物学的角度来看，虽然已经发现了氢气的多种生物学效应，但对氢气分子机理的研究尚不成熟。选择性抗氧化假说、生物酶假说、信号分子假说等都是片面的或研究不足的，无法解释氢的广泛生物学效应，这在很大程度上制约了氢生物学的发展。

氢气在植物、动物和微生物中的生物合成途径

早前的研究发现，某些藻类和细菌能够产生氢气，这是由于它们体内含有氢酶（见图4-12）。由于这种酶具有的实现

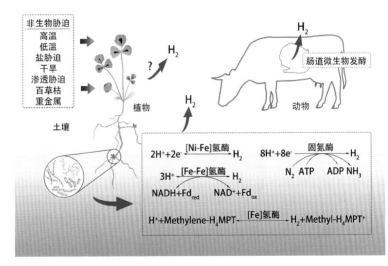

图4-12　氢气在植物、动物和微生物中的生物合成途径

（ADP，adenosine diphosphate，二磷酸腺苷；ATP，adenosine triphosphate，三磷酸腺苷；Fd_{red}，reduced ferredoxin，还原型铁氧还蛋白；Fd_{ox}，oxidized ferredoxin，氧化型铁氧还蛋白；Methylene-H_4MPT，methylene-tetrahydromethanopterin，亚甲基四氢甲烷蝶呤；Methyl-H_4MPT$^+$，methyl-tetrahydromethanopterin，甲基四氢甲烷蝶呤；NADH，reduced nicotinamide adenine dinucleotide，还原型烟酰胺腺嘌呤二核苷酸；NAD$^+$，oxidized nicotinamide adenine dinucleotide，氧化型烟酰胺腺嘌呤二核苷酸；N_2，nitrogen，氮气；NH_3，ammonia，氨气）

大规模生物制氢的潜在能力,因此被广泛地研究。氢酶可以划分为[Ni-Fe]氢酶、[Fe]氢酶和[Fe-Fe]氢酶。其中,[Ni-Fe]氢酶主要分布在硫酸盐还原细菌中,[Fe]氢酶主要分布在产甲烷古菌中,[Fe-Fe]氢酶可以存在于包括梭状芽孢杆菌在内的厌氧原核生物和真菌、绿藻等真核生物中。

被广泛研究的莱茵衣藻(*Chlamydomonas reinhardtii*)[Fe-Fe]氢酶(*CrHYD1*)是一种典型的藻类产氢酶。目前已知,该酶催化的光合产氢反应放出的氢气均来自水。在氢酶的催化下,电子将还原态铁氧化还原蛋白(Fd)氧化,最终生成氢气。但是需要注意的是,这种藻类产氢反应会受到氧气的强烈抑制。根据氢酶的催化特性,光合电子传递链的某些抑制剂(二氯酚靛酚等)可以抑制植物体内的氢酶活性,减少藻类中氢气的产生;而若是要提高其产氢能力,则需要将光合放氧和光合放氢在时间和空间上严格分开。同时,高等植物体内也可能存在类似于藻类氢酶功能的蛋白质来催化氢气的产生。除藻类外,研究结果较为清楚的是微生物(较为典型的是根瘤菌)中的固氮酶(Nitrogenase),固氮酶在固氮过程中也可以合成氢气。

科学家在1986年发现,大麦等高等植物在无氧或低氧条件下,可能通过氢酶催化产生氢气。后来的研究发现,小麦、水稻、油菜等农作物在无氧条件下也可以释放氢气,盐、干旱、冷害以及百草枯等非生物胁迫及部分植物激素(脱落酸、乙烯、茉莉酸等)均可使植物产生多于正常生理状态下的氢气,这些研究结果提示了高等植物存在氢酶的可能性。

在动物相关的研究中,目前没有证据可以证明其可以直接产生氢气。但是,动物的肠道内可以产生氢气,进一步的研究证实氢气主要是由动物肠道微生物在厌氧条件下产生的。现有的研究并未证实动植物基因组中存在编码氢酶或者氢酶类似蛋白的基因,这提示了在动植物中氢气的产生可能与其电子传递相关代谢存在某种程度的联系,但是,也不能完全排除动植物体内还存在类似于藻类氢酶功能的蛋白。

由于尚未发现高等植物氢气合成的相关酶学途径,为了证实植物内源氢气的生物学功能,科学家们尝试将来自莱茵衣藻的产氢酶(CrHYD1),通过基因工程手段导入到拟南芥中。进一步的研究发现,外源CrHYD1基因可以提高拟南芥的产氢能力。与外源施加氢气处理相类似,CrHYD1的异源表达可以促进正常生长条件下植物的生长发育,并通过增加褪黑素(一种对动物和植物都可以发挥抗性功能的激素)和硫化氢(一种气体信号分子)的积累来提高拟南芥的耐盐性和耐旱性。

有趣的是,研究发现在莱茵衣藻内CrHYD1基因单独存在时并不能产生氢气,CrHYD1蛋白必须在衣藻体内其他酶的共同帮助下,完成成熟和组装,才能具有合成氢气的能力。但是通过基因工程手段获得的具有CrHYD1基因的拟南芥也具有产生更多氢气的能力。这样的研究结果提示了在高等植物体内应该也含有帮助氢酶成熟和组装的机制;从生物进化的角度看,这样的研究结果间接证明了至少拟南芥中可能存在与氢酶功能类似的蛋白质。同时外源的CrHYD1也能定位于拟南芥的叶绿体内,提示了高等植物内源氢气的产生可能与藻类和细菌的产氢途径存在一定的保守性。

这些相关的研究都在向人们提示,生物产生氢气,特别是植物和微生物产生氢气的过程可能大都需要将氧气与氢酶/固氮酶在空间或时间上分离。但是在植物生命活动中，光合作用都是不可或缺的，植物自身却可以将这种矛盾在体内进行统一，平衡产生氢气和氧气的能力。氧气是生命活动所必需的要素之一，结合前面提到的氢气的生物学功能，这种氢氧平衡的矛盾而又统一的结果，暗示了氢气和氧气可能都是在生物进化过程和生命活动中必须同时存在的两个要素。同时，如果是希望获得具有较强产生氢气能力的植物或者微生物，必须通过选育或遗传改造，从而获得具有较强的氧气耐性氢酶新种质。

氢农业-小荷才露尖尖角

随着氢气生物学的蓬勃发展，氢农学的相关实践-氢农业也逐步进入了大田实验阶段。从2019年7月开始，南京农业大学、上海交通大学氢科学中心等研究机构的科学家们在全国各地利用气体（熏蒸）、液体（富氢水）、固体（固态储氢）等多种给氢方式，相继开展了氢水稻、氢火龙果、氢草莓、氢中草药、氢保鲜等多种氢农业实验，并获得了丰富的成果。

水稻

水稻是我国重要的粮食作物，世界上近一半人口以大米为主食。目前国内的常规水稻种植面积约为 1.63×10^5 km^2，因此提高水稻产量是保证粮食安全的重要一环。根据2020年句容氢水稻的实验结果, 氢水浇灌水稻可以促进水稻提前成熟 (见图4-13), 增加千粒重, 减少垩白率, 提高水稻的产量和品质。

正常栽培　氢种植

图4-13　正常栽培和氢种植浇灌对水稻生长的影响

现阶段, 氢农业中富氢水的浇灌还处于基础实验阶段, 主要还依靠于喷灌、滴灌和漫灌 (见图4-14)。这些灌溉方式的效率相对较低, 出水量也远远不能满足氢水稻等高消耗水农作物的农业生产需求, 这需要多个行业的通力合作来解决这一问题。

农业用镁氢材料可作为解决上述行业问题的一种方向。2021年科学家们使用镁氢肥开展了氢水稻大田实验。实验结果如图4-15所示: 相比于对照组, 使用富氢水灌溉的水稻产量增加9.5%; 而使用高浓度镁氢肥浇灌的水稻增产更是达到了惊人的16%。

图4-14 富氢水浇灌火龙果(a)、草莓(b)和水稻(c,d)以及使用的氢水机(e)和产氢浓度测定(f)

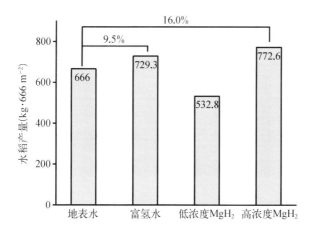

图4-15 地表水、富氢水以及镁氢肥(低浓度和高浓度)种植的水稻亩产

火龙果

火龙果为多年生攀援性的多肉植物。从2020年8月24日起,科学家们每周用氢水机产生的氢水对火龙果进行灌溉,同时从9月7日起进行火龙果数量的统计,发现氢水灌溉的火龙果果实数目明显增多(见图4-16),提示富氢水浇灌可以提高火龙果的产量,这将是未来一段时间里氢农业发展的一个方向。

图4-16 富氢水和地表水灌溉对火龙果生长状况(a)和果实数量(b)的影响

草莓

　　草莓营养价值丰富，被誉为"水果皇后"，含有维生素C、维生素A、维生素E、维生素PP、维生素B1、维生素B2、胡萝卜素、鞣酸、天冬氨酸、铜、草莓胺、果胶、纤维素、叶酸、铁、钙、鞣花酸与花青素等营养物质。草莓是一种高附加值的水果，深受民众的喜爱。江苏镇江句容和上海青浦的氢草莓实验结果显示，采用富氢水浇灌草莓后，草莓幼苗的生长得到了促进，草莓幼苗长得更粗壮，产量得到了提高，同时草莓的品质（维生素C、糖酸比）也受到了不同程度的影响。富氢水浇灌使草莓的色泽更加鲜艳、个头更大、气味更浓、口感更好，还减少了化肥的使用，明显提高草莓的品质（见图4-17）。

图4-17　富氢水和地表水灌溉对草莓生长（a）和果实（b）的影响

金线莲

2020年9月，广东省农科院佛山分院、广东省农科院蔬菜所、广东省农业技术推广总站（现广东省农业技术推广中心）三方联合共建的"康喜莱氢农业科技示范基地"揭牌仪式，标志着佛山氢农业迈出坚实一步。其中，在基地中进行的富氢水金线莲滴灌实验也取得了比较满意的效果（见图4-18）。

金线莲是兰科、开唇兰属植物，喜肥沃潮湿的腐殖土壤，在空气清新、荫蔽的森林生态环境中能形成成片的较为单纯的群落。金线莲在我国分布于浙江、江西、福建、湖南、广东、海南、广西、四川、云南和西藏东南部，是国家二级保护植物。金线莲全草入药，性平、味甘，清热凉血、祛风利湿，主治腰膝

地表水浇灌

富氢水浇灌

图4-18　富氢水和地表水灌溉对金线莲生长的影响

痹痛、肾炎、支气管炎，以及糖尿病、吐血、血尿和小儿惊风等症。中国民间普遍认为金线莲对现代"三高"病症，即高血脂、高血压和高血糖症有防治的功能，常将其作为防病、治病、调理人体功能的药膳。金线莲对生态环境的要求比较苛刻，只能生长在深山老林中。原始森林面积的缩小、森林生态系统功能的退化、人为的过量采挖，使其适生环境遭受挤压，野生金线莲资源锐减。因此氢水灌溉对促进金线莲的生长意义重大，为稀有植物或道地中药材的保护与繁殖提供了一种新的思路。未来，上海交通大学氢科学中心的科学家们计划使用镁氢肥开展氢黄精种植方面的探索。

保鲜

随着我国经济的发展，国人生活水平提高，对花卉的消费需求也日益增加，鲜切花行业发展迅速，市场规模超千亿。与其他商品不同，鲜切花不耐储藏和运输，因此延长鲜切花的保鲜时间对提高鲜切花的经济效益和观赏价值意义重大。目前商业保鲜剂的主要有效成分具有低毒、污染环境和影响商品香气等副作用，因此开发绿色环保的鲜切花保鲜剂是科研人员必须面临的挑战。

科研家们以康乃馨切花为研究对象（见图4-19），探讨了农业用镁氢材料延长鲜切花保鲜的效果及作用机理，显示出农业用镁氢材料在农业应用方面的潜力。实验结果显示：与对照蒸馏水相比，氢化镁-柠檬酸缓冲液（CBS）可以延长康乃馨切花的瓶插寿命约52%，而且比使用电解制备的富氢水效果更好。

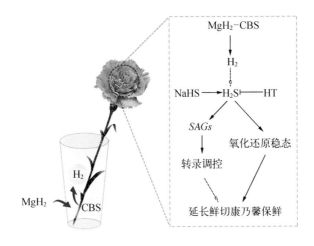

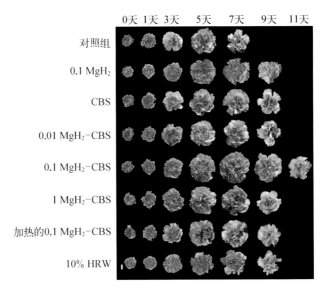

图4-19　农业用镁氢材料释氢延长鲜切花保鲜的研究

此外,科学家还发现在鸡蛋贮藏过程中,使用氢气保鲜技术(MAP, modified atmosphere packing)不仅减缓或延缓了鸡蛋抗氧化能力的下降,而且缓解了鸡蛋品质的劣化(见图4-20)。研究结果表明,氢气保鲜技术延长鸡蛋的货架期可能与蛋壳的相关反应和氧化还原内稳态的重建有关。同时,这项技术的使用成本并不高,推广价值大。

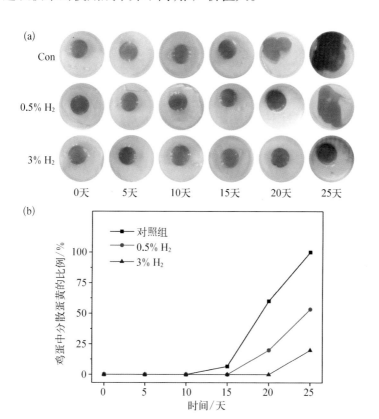

图4-20 鸡蛋中分散蛋黄比例的变化:

实拍图(a)和蛋黄的分散比例(b)[Con: 在不含H_2的MAP中贮藏;0.5%H_2:0.5%H_2MAP贮藏;3%H_2:3%H_2MAP贮藏。]

未来梦想氢农业

现代农业是与工业4.0或后工业时代对应的农业现代化。不同于农业产业化和农业工业化，现代农业是智慧农业，更是健康和绿色的农业，具体来说就是智慧经济为主导、大健康产业为核心的自动化、个性化、艺术化、生态化、规模化、精准化的农业。本质上，氢农业属于健康的现代农业，也是大健康的基础。因此我们提出，人类的大健康首先要依赖于动物、植物和微生物以及环境的和谐健康发展，氢农业将会是重要的支撑。

根据联合国粮农组织（FAO）的报告，全球饥饿人口数量已经连续五年上升，而且多达30亿人口无法获得健康膳食。根据联合国世界粮食计划署发布的《2022年全球粮食危机报告》，预计粮食危机将持续恶化，全球严重饥饿人口已增加至惊人的3.23亿，这是对于全球农业生产的巨大考验。未来农业既要保证产量又要保证质量，氢农业是同时符合这两方面要求的新农业。根据现有的研究，氢气可以显著提高粮食作物及瓜果蔬菜的产量和品质，降低生物和非生物的胁迫伤害，减少病源毒素对畜牧动物的伤害，上述积极影响既符合了大众对于口舌之欲的追求，也有助于减少饥饿人口，解决温饱问题。另一方面氢农业是一种低碳无污染的农业，既可以减少化肥农药的使用，还可以改善土壤微生物的种类和数量，从而成为真正的氢肥。

随着科技的进步，人类正在加快对太空的探索。航天站的宇航员需执行长时间的太空任务，不能只依赖于携带上天的加工食品。如果能在太空中种植新鲜水果和蔬菜,这将更加有利于航天员的身心健康,而且可以降低运载至航天站的食物成本。已有研究表明,氢气可以诱导植物对紫外线胁迫的耐受性,提示氢气可能提高植物对太空恶劣环境的耐性,因此将氢气应用于太空种植,也是未来氢农业的一大方向。

尤其值得关注的是,现阶段氢经济主要集中在氢燃料电池和氢能源汽车上,这两个领域都是将氢气作为新能源来进行应用的,而氢农业则拓宽了氢气的应用领域,将其带入了寻常百姓家,这有助于提高大众对于氢的接受度。同时氢农业的发展还需要相应的氢农业机械的发展来支持,这需要工业领域和农业领域专家学者的协同合作。现阶段使用的氢农业机械还比较简单,产氢效率较低,且价格昂贵。工欲善其事必先利其器,氢农业机械的发展是氢农业发展的基础,氢农业的发展也会促进氢农业机械的进步。总之,更加简便和价格低廉的氢农业机械将会创造更加美好的未来氢农业。

未来氢社会

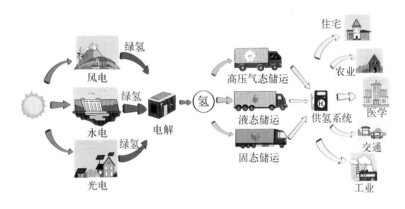

图5-1　未来氢社会

　　水是氢取之不尽、用之不竭的来源。以氢作为燃料,燃烧产物是水,而不是碳的氧化物,不会对环境造成污染,这是矿物燃料所无法相比的。因此,以氢为基础的经济,将会以一个完全可再生的、无污染的燃料循环为中心。这个燃料循环同大自然的生物圈循环相重叠,而水蒸气则是这个完美循环的唯一产物。在大型工厂中把水转变成燃料氢,从技术来看,目前是完全可以实现的,其中主要问题在于经济性和安全性。

待这些问题妥善解决之后，工业上广泛采用氢作为燃料将成为现实。那时，氢原子将取代碳原子，提供一种丰富的、无穷尽的能源，既能解决人类所面临的由于煤炭、石油和天然气等矿物燃料枯竭而引起的能源危机，又将解决碳燃料所带来的严重的环境污染问题。

21世纪的现代化家庭，其使用的燃料、电力和动力都可用氢作为能源。

家庭可接通外来电力和氢源，也可自备制氢和发电装置，还可利用太阳能制氢和发电。由储氢材料和氢组成的储热、储电和储氢装置，可根据需求进行能量的转换。家庭发电系统和储电系统包括氢化学发电机、燃料电池和镍氢二次电池，可充电电池在白天利用太阳能充电，夜间即可作为电力电源。

现代氢燃烧系统可提供燃料，注入现代科技还可提供更先进的炊用系统。利用氢发电的电力制成种种微波、远红外烹调装置，清洁卫生又便捷。

储氢材料和氢载能系统可构成空调、制冷装置，实现空调、热水、消毒、冰箱、烤箱、微波炉等功能。氢与储氢材料构成计算机、微电脑、传真、通信等需用的二次电源，将使设备拥有轻便、可携带、灵活应用的优点，使学习、娱乐、办公现代化，郊游、摄像机、野外作业更方便。

汽车的动力能源问题也可用储氢材料、燃料电池解决。大型电动玩具、三轮车、摩托车都可使用储氢材料制成的携带电源。街道上，可以安装由太阳电池和氢电池组装的路灯、交通标志板、大型交通信息屏幕。各种汽车采用氢能为动力，不论电动或燃烧，都无废气污染，使空气新鲜。飞机也可以以氢为动力,在万里蓝天中来去自如。

在不远的将来,吸氢气和喝氢水,将是非常常见的养生方式。氢气用于医疗保健走进千家万户,将给更多的家庭带来福祉。在医院中,氢气也将成为一种常规的治疗手段,给广大饱受慢性疾病折磨的患者带来新的希望。

未来的氢农业将不局限于农作物,同时也会覆盖畜牧业和水产业,尤其是高附加值农业;也不会局限于大田农业,将同时出现在家庭农业、特殊岛礁和舰船农业。另外,未来的氢农业不仅拥有可用于灌溉的大型高浓度氢水机,也拥有用于气调的氢气发生机,甚至还包括适用于大田或水系的产氢微生物或纳米材料制剂;不仅有用于产氢的农业机械,也有氢气或氢能源电池的结合使用作为驱动力的氢农业机械或氢农用无人机。

我们充满信心,我们拭目以待。未来的氢社会定会绚丽多彩,光芒四射。让我们一起期待并领略氢社会的无限魅力吧。

参考文献

［1］ Ashtekar A, Pawlowski T, Singh P. Quantum Nature of the Big Bang［J］. Physical Review Letters, 2006, 96（14）: 141301.

［2］ 苏中启. 宇宙的起源与未来: 大爆炸宇宙论简介［J］. 现代物理知识, 1995, 7（2）: 4.

［3］ 蔡颖. 储氢技术与材料［M］. 北京: 化学工业出版社, 2018.

［4］ 毛宗强. 氢能: 21世纪的绿色能源［M］. 北京: 化学工业出版社, 2006.

［5］ 李华金. 换个角度看世界: 氢能的秘密［M］. 成都: 成都地图出版社, 2016.

［6］ 陈良辰. 金属氢研究新进展［J］. 物理, 2004, 33（4）: 5.

［7］ 王昆润. 测定呼气中氢气浓度诊断肠道疾病［J］. 国外医学, 临床生物化学与检验学分册, 1991（6）: 278.

［8］ 冯成, 周雨轩, 刘洪涛. 氢气存储及运输技术现状及分析［J］. 科技资讯, 2021, 19（25）: 3.

［9］ 贺思缘, 刘越好, 党杨杰, 等. 氢气在医学领域的应用

［J］.医学信息,2021,34(2):3.

[10] 范燕宾,杨巍.氢分子的生物医学研究进展［J］.医学综述,2016,22(5):4.

[11] Zulfiqar F, Russell G, Hancock J T. Molecular hydrogen in agriculture［J］. Planta, 2021, 254(3): 56.

[12] 刘照启,张蔚然,韩鑫,等.氢气与富氢水在农业生产上的应用分析［J］.种子科技,2020,38(10):2.

[13] 陈丹之.氢能［M］.西安:西安交通大学出版社,1990.

[14] Xu Z J, Wang S L, Zhao C Y, et al. Photosynthetic hydrogen production bydroplet-based microbial micro-reactorsunder aerobic conditions［J］. Nature Communications, 2020, 11(5985): 1-10.

[15] 俞红梅,邵志刚,侯明,等.电解水制氢技术研究进展与发展建议［J］.中国工程科学,2021,23(2):146-152.

[16] 塔潘·博斯.图说氢能:面向21世纪的能源挑战［M］.北京:机械工业出版社,2018.

[17] 李勇治.镁基金属氢化物储能材料［M］.沈阳:东北大学出版社,2020.

[18] 耿志远,王冬梅.清洁能源:氢能［M］.兰州:甘肃科学技术出版社,2017.

[19] 卢翀.几种核壳结构镁基固态储氢材料的制备及吸放氢机制研究［D］.上海:上海交通大学,2018.

[20] 李华金.换个角度看世界:氢能的秘密［M］.成都:成都地图出版社,2016.

[21] 黄林邦,韩光.自由基的生理与病理作用:II.类型及其

致病作用［J］.赣南医学院学报,1990,10(4):5.

[22] 田一明,陈伟,王喜太.氢治疗疾病的原理及其应用进展［J］.现代养生,2017(10):2.

[23] Saitoh Y, Okayasu H, Xiao L, et al. Neutral pH hydrogen-enriched electrolyzed water achieves tumor-preferential clonal growth inhibition over normal cells and tumor invasion inhibition concurrently with intracellular oxidant repression［J］. Oncology Research, 2008, 17(6): 247.

[24] 刘晓宇.氢气延缓慢性阻塞性肺疾病的发展及其机制［D］.石家庄:河北医科大学,2017.

[25] 胡啸玲,汤恢焕,周志刚.氢气对体外循环肺损伤的影响［J］.中国动脉硬化杂志,2011,19(2):5.

[26] 封珊.PM2.5致慢性阻塞性肺疾病急性加重的实验研究及流行病学分析［D］.石家庄:河北医科大学,2020.

[27] 柳远飞.氢气饱和生理盐水对百草枯中毒大鼠肺损伤及肺纤维化的保护作用［D］.南昌:南昌大学,2010.

[28] 万强,李庭庭,肖媛,等.吸入高浓度氢气对大鼠脑缺血—再灌注损伤的影响［J］.中国脑血管病杂志,2021,18(5):8.

[29] 王赞.富氢水对大鼠心肌缺血再灌注损伤的研究［D］.保定:河北大学,2018.

[30] 于涵.富氢体外培养体系的构建与其在氢气治疗动脉粥样硬化中的应用［D］.成都:西南交通大学,2021.

[31] Sun Q, Kang Z, Cai J, et al. Hydrogen-rich saline protects myocardium against ischemia/reperfusion injury in rats

［J］. Experimental Biology and Medicine, 2009, 234
（10）：1212–1219.

［32］ Tamura T, Suzuki M, Hayashida K, et al. Hydrogen gas
inhalation alleviates oxidative stress in patients with
post-cardiac arrest syndrome［J］. Journal of Clinical
Biochemistry and Nutrition, 2020, 67（2）：214–221.

［33］ 骆肖群. 氢分子在难治性皮肤病中的运用［C］// 2018
全国中西医结合皮肤性病学术年会论文汇编,2018.

［34］ 王婷. 富氢水促进犬皮肤创面愈合的效果评价［D］. 哈
尔滨：东北农业大学,2020.

［35］ 李鸿昌,代春丽,张晖. 富氢水泡浴在高原官兵皮肤病
患者中的临床效果及对炎性因子的影响研究［J］. 解放
军医药杂志,2021,33（4）：104–107.

［36］ Kato S, Saitoh Y, Iwai K, et al. Hydrogen-rich
electrolyzed warm water represses wrinkle formation
against UVA ray together with type-I collagen production
and oxidative-stress diminishment in fibroblasts and
cell-injury prevention in keratinocytes［J］. Journal of
Photochemistry and Photobiology B: Biology, 2012, 106:
24–33.

［37］ 刘艳丽,刘华,李丽华. 氢离子对碘酸钠诱导的小鼠年
龄相关性黄斑变性视网膜的保护作用及机制［J］. 眼科
新进展,2018,38（9）：5.

［38］ 卢燕. 饱和氢生理盐水对噪声性聋的防治研究［D］. 福
州：福建医科大学,2012.

［39］孙伟龙.富氢水对乙醇诱导的胃损伤和肝损伤的保护作用与机制［D］.兰州：兰州大学,2017.

［40］姚欢,牟茂婷,魏蜀君,等.富氢水联合香砂六君子丸对功能性消化不良大鼠的协同治疗作用研究［J］.成都中医药大学学报,2019,42（1）: 5.

［41］耿雪.不同剂量氢气对大强度运动大鼠氧化应激与肠道菌群的影响［D］.苏州：苏州大学,2019.

［42］张小晓,庄苗,陈苏衡,等.富氢水对高氧环境小鼠肠道屏障和菌群的影响［J］.中国微生态学杂志,2022（34）: 4.

［43］徐强.富氢水对酒精诱导的肝损伤的保护作用研究［D］.上海：上海交通大学,2017.

［44］李东宇.氢生理盐水对猪扩大肝切除术后肝功能的保护作用及机制研究［D］.上海：第二军医大学,2013.

［45］谌欣.氢分子对2型糖尿病小鼠微循环功能受损的调节作用［D］.济南：山东第一医科大学,2019.

［46］杨林燕.富氢液对糖尿病大鼠肾组织中TGF-β 1/p38MAPK 信号通路的影响［D］.石家庄：河北医科大学,2016.

［47］王晓英,许长春.富氢水治疗帕金森病64例临床研究［J］.海军医学杂志,2021,42（1）: 2.

［48］Hou C, Peng Y, Qin C, et al. Hydrogen-rich water improves cognitive impairment gender-dependently in APP/PS1 mice without affecting Aβ clearance［J］. Free Radical Research, 2018: 1-12.

［49］ Li F Y, Zhu S X, Wang Z P, et al. Consumption of hydrogen-rich water protects against ferric nitrilotriacetate-induced nephrotoxicity and early tumor promotional events in rats ［J］. Food & Chemical Toxicology, 2013, 61: 248-254.

［50］ 王丽飞,张宇,王金枝,等.氢气治疗氧化损伤所致癌症的机制进展［J］.肿瘤,2017,37(11): 6.

［51］ 孟景红.氢气通过调控CD47/CDC42通路抑制肺癌进展的研究［D］.石家庄: 河北医科大学,2020.

［52］ 商蕾,李佳腊,苏泽华,等.氢分子对肝癌细胞Huh7的影响［J］.生物技术进展,2020,10(4): 9.

［53］ Qian L, Bailong L I, Cao F, et al. Hydrogen-rich Pbs protects cultured human cells from ionizing radiation-induced cellular damage［J］. Nuclear Technology & Radiation Protection, 2010, 25(1): 23-29.

［54］ Hirano S I, Aoki Y, Li X K, et al. Protective effects of hydrogen gas inhalation on radiation-induced bone marrow damage in cancer patients: a retrospective observational study［J］. Medical Gas Research, 2021, 11 (3): 104-109.

［55］ Kang K M, Kang Y N, Choi I B, et al. Effects of drinking hydrogen-rich water on the quality of life of patients treated with radiotherapy for liver tumors［J］. Medical Gas Research, 2011, 1(1): 11.

［56］ 李睿婵,刘华,李丽华.氢对氧化应激诱导的视网膜衰老的保护机制［J］.国际眼科杂志,2019,19(2): 4.

神奇的氢科学

［57］ 袁继龙, 刘晓燕, 高婧囡, 等. 富氢水的研究与应用及文献复习［J］. 中国美容整形外科杂志, 2018, 29(7): 3.

［58］ Da Costa A R, Wagner D, Patisson F. Modelling a new, low CO_2 emissions, hydrogen steelmaking process［J］. Journal of Cleaner Production, 2013, 46: 27-35.

［59］ Schmidt U. Molecular hydrogen in the atmosphere［J］. Tellus, 1974, 26(1-2): 78-90.

［60］ Hoffman B M, Lukoyanov D, Yang Z Y, et al. Mechanism of nitrogen fixation by nitrogenase: the next stage［J］. Chemical Reviews, 2014, 114(8): 4041-4062.

［61］ Renwick G M, Giumarro C, Siegel S M. Hydrogen metabolism in higher plants［J］. Plant Physiology, 1964, 39(3): 303-306.

［62］ Li L, Lou W, Kong L, et al. Hydrogen commonly applicable from medicine to agriculture: From molecular mechanisms to the field［J］. Current Pharmaceutical Design, 2021, 27(5): 747-759.

［63］ Cheng P, Wang J, Zhao Z, et al. Molecular hydrogen increases quantitative and qualitative traits of rice grain in field trials［J］. Plants, 2021, 10(11): 2331.

［64］ Li L, Liu Y, Wang S, et al. Magnesium hydride-mediated sustainable hydrogen supply prolongs the vase life of cut carnation flowers via hydrogen sulfide［J］. Frontiers in Plant Science, 2020(11): 595376.

［65］ Wang Y, Wang J, Kuang Y, et al. Packaging with hydrogen gas modified atmosphere can extend chicken egg storage [J]. Journal of the Science of Food and Agriculture, 2022, 102(3): 976-983.